U0215326

四川是产竹大省，要因地制宜发展竹产业，发挥好蜀南竹海等优势，让竹林成为四川美丽乡村的一道风景线。

——2018 年 2 月，习近平总书记视察四川时的重要讲话

Sichuan is a big province rich in bamboo resources. It is necessary to develop bamboo industry according to local conditions, give full play to the advantages of Shu-Nan Bamboo Sea, and turn the bamboo forest into a scenery line of the beautiful countryside in Sichuan.

——General Secretary Xi Jinping's important speech during his inspection in Sichuan (2018)

四川

竹林

风景线

◎ 费世民 主编

中国林业出版社
China Forestry Publishing House

图书在版编目（CIP）数据

四川竹林风景线 / 费世民主编 . -- 北京：中国林业出版社，2020.9

ISBN 978-7-5219-0739-1

Ⅰ．①四… Ⅱ．①费… Ⅲ．①竹－文化－四川 Ⅳ．① S795-092

中国版本图书馆 CIP 数据核字（2020）第 143321 号

出版发行	中国林业出版社
	（100009 北京西城区刘海胡同 7 号）
邮　　箱	36132881@qq.com
电　　话	010-83143545
印　　刷	北京中科印刷有限公司
版　　次	2020 年 9 月第 1 版
印　　次	2020 年 9 月第 1 次
开　　本	787 毫米 x 1092 毫米　1/16
印　　张	15.5
字　　数	256 千字
定　　价	168.00 元

书名题字	刘先银
选题策划	刘先银
责任编辑	王　远　刘香瑞
装帧设计	春　山

主　编　费世民

副主编　慕长龙　陈其兵　秦　茂　张黎明　雷经纬

编　委　费世民　慕长龙　陈其兵　秦　茂　张黎明　雷经纬

　　　　张革成　周古鹏　陈红权　马朝洪　王　莉　覃鸿杰

　　　　郑仁红　余　英　喻丁香　周　舰　陈世林　朱芷贤

　　　　唐森强　陈秀明　庄国庆　王　帅　王　丽　李仕全

　　　　陈云华　王　忠　陈滔　李旭一　欧亚非　李本祥

《四川竹林风景线》编撰委员会

四川是世界竹类植物的起源和分布中心之一，自然生态得天独厚，竹资源丰富，竹历史悠久，竹文化底蕴深厚。"宁可食无肉，不可居无竹"。千百年来，蜀人一直有植竹、食竹、用竹、咏竹、绘竹、爱竹的传统。

2018年2月，习近平总书记来川视察时指出："四川是产竹大省，要因地制宜发展竹产业，发挥好蜀南竹海等优势，让竹林成为四川美丽乡村的一道风景线。"总书记的重要指示为四川乃至全国竹产业发展提供了指引和遵循，将竹产业高质量发展提升到新的时代高度。

发展好竹产业、建设好竹林风景线，是落实习近平总书记重要指示精神必须交出的答卷，是打赢脱贫攻坚战和实施乡村振兴战略的重要支撑，是建设"10+3"现代农业产业体系的重要抓手，省委省政府坚决贯彻落实习近平总书记指示精神，务实践行"绿水青山就是金山银山"理论，立足川竹资源禀赋，充分调研、反复酝酿，及时出台了《关于推进竹产业高质量发展 建设美丽乡村竹林风景线的意见》，引领全省抓"竹"机遇、下"竹"功夫、做"竹"文章，加快构建新型竹产业生产体系、产业体系、经营体系、服务体系和生态体系，建设美丽乡村竹林风景线。

风正潮平，自当扬帆破浪；任重道远，更须策马加鞭。两年来，全省上下坚持因地制宜，做好点线面结合，充分挖掘释放竹文化、竹生态、竹经济价值，高站位高质量建设翠竹长廊，统筹打造一批竹林人家、竹林小镇、竹林景区，加快建设可视性好、特色鲜明、功能完备的竹林风景线；强化功能效益再聚合，以市场需求为导向，以竹兴农富为目标，壮大现代竹基地，发展特色竹加工，推进"竹产业+"融合发展，大力发展新产业新业态，促进

序

一二三产业融合，更好带动竹农增收，实现生态效益、经济效益、社会效益、市场效益相统一，在天府大地上绘就出一道道优美靓丽的竹林风景线，勾勒出一条条活力十足的生态经济线、发展富民线。目前，全省竹林面积已达到1802万亩，位居全国第一；建成了10公里以上竹林风景长廊17条370公里、省市级竹产业园区6个；竹浆产能达到100万吨，竹笋和竹家具加工能力分别达到50万吨、20万套，均位居全国前列。2018年实现竹业综合产值462亿元，同比增长77%；2019年实现竹业综合产值605.9亿元，同比增长31%。竹林风景线建设正成为筑牢长江上游生态屏障、助推脱贫攻坚和乡村振兴的重要载体。

为展示四川竹林风景线建设成果，宣传竹文化、普及竹知识，四川省林业和草原局组织相关专家学者编写了《四川竹林风景线》一书。该书立足四川实际，图文并茂地阐述了竹历史文化、竹生态康养和竹经济价值，展示了四川竹产业"点线面"结合发展路径，提供了一二三产融合发展美丽乡村竹林风景线的建设范式，兼具知识性、可读性和趣味性。相信将有助于全省各地因地制宜打造美丽乡村竹林风景线，推动四川竹资源大省向竹经济强省跨越，为实现农业强、农村美、农民富打下坚实基础。

当今世界正经历百年未有之大变局，中国也面临严峻考验和挑战。"莫听穿林打叶声，何妨吟啸且徐行。竹杖芒鞋轻胜马，谁怕？"我们坚信，在新发展理念指引下，"咬定青山不放松"，久久为功，四川竹林风景线必将成为生态保护、经济发展、脱贫攻坚和乡村振兴的重要引擎！

乐而为序。

2020 年 9 月

（刘宏葆，四川省林业和草原局、大熊猫国家公园四川省管理局局长）

"Countless bamboo shoots sprouted all over the bamboo forest, which not only blocked the firewood gate, but also blocked the road." Sichuan is the origin and distribution center of bamboo plants in the world. There are abundant bamboo resources and a variety of bamboo species and products within the territory, which have unique characteristics and advantages in China.

"Let there be no meat on my plate, there must be bamboo in my garden yet." For thousands of years, there has always a tradition among the people of Sichuan of planting, eating, using, chanting, painting and loving bamboo.

In February 2018, General Secretary Xi Jinping pointed out during his inspection in Sichuan: "Sichuan is a big province rich in bamboo resources. It is necessary to develop bamboo industry according to local conditions, give full play to the advantages of Shu-Nan Bamboo Sea, and turn the bamboo forest into a scenery line of the beautiful countryside in Sichuan." The instruction of the Secretary General provided the guidance and direction for the bamboo industry development in Sichuan and even the whole country, and promoted the high-quality development of bamboo industry to a new era height.

When wind right and tide suitable, it is time for us to set sail to break the waves. There still is a long way to go, more must be done. In the past two years, the Sichuan Provincial Party Committee and the Provincial Government have taken a resolute execution of the spirit of General Secretary Xi Jinping, and a pragmatic practice of the theory " Lucid waters and lush mountains are invaluable assets". Based on the rich bamboo resources in Sichuan and through a full investigation and deliberation, the document "Opinions on promoting high-quality development of bamboo industry and building bamboo forest scenery line of beautiful countryside" was issued, guiding the province to seize the opportunity of "bamboo", devote great efforts to "bamboo", and do more work on "bamboo", with the aim to exploit and release the cultural, ecological and economic value of bamboo, draw many beautiful bamboo scenery lines on the land of Tianfu, outline many vibrant ecological and economic lines and develop a line of enrichment.

Sichuan bamboo industry has been showing a good trend of competitive development, vigorous and high-quality. At present, there are 18.02 million mu of bamboo forest, ranking first in China.17 bamboo forest scenic corridors over 10 km were built, totaling up to 370 km, and 6 provincial and municipal bamboo industrial parks were built. The production capacity of bamboo pulp has reached 1 million tons, and the processing capacity of bamboo shoots and bamboo furniture has reached 500,000 tons and 200,000 sets respectively, which are in the forefront of China. In 2018, the comprehensive output value of bamboo industry was 46.2 billion yuan, with a year-on-year growth of 77%. In 2019, the comprehensive output value of bamboo industry was 60.59 billion yuan, with a year-on-year growth of 31%. A fundamental processing system of bamboo products oriented on bamboo pulp paper-making, bamboo wood-based panels, bamboo flooring, bamboo furniture, bamboo

crafts, bamboo weaving, bamboo fiber and bamboo food, as well as a bamboo leisure industry system based on bamboo culture, bamboo tourism and bamboo health care have come into being. Bamboo scenery line and bamboo industry are becoming important carriers to build up ecological barriers in the upper reaches of the Yangtze River and boost poverty alleviation and Rural Revitalization.

In order to demonstrate the achievements of the construction of bamboo scenery line in Sichuan, publicize bamboo culture and popularize bamboo knowledge, Sichuan Forestry and Grassland Bureau invited relevant experts and scholars to compile the book Sichuan Bamboo Forest Scenery Line. Combining with the reality of Sichuan Province, the book illustrates the history and culture of bamboo, the economic value of bamboo and the ecological health care of bamboo. It demonstrates the development path of "point, line and surface" of bamboo industry in Sichuan Province, and provides the construction paradigm of integrating the primary, secondary and tertiary industries to develop bamboo forest scenery line of beautiful countryside, which is informative, readable and interesting. It is believed that it will be helpful for all parts of the province to create beautiful rural bamboo forest scenery line according to local conditions, and promote the leap for Sichuan from a province with large bamboo resources to a province with strong bamboo economy.

At present, the world is experiencing a great change that has not happened in a century, and China is also facing severe tests and challenges. "Don't pay attention to the sound of rain through the leaves, why don't you let go of your throat and chant loud with a leisurely walk. Walking with bamboo sticks and straw sandals is lighter than riding. Let the sudden shower of rain blow on you. Don't be afraid!"

We firmly believe that as long as we maintain the momentum of development like bamboo, "holding the Castle Peak without any relaxation", the Giant China ship will ride the wind and waves and sail far away! We firmly believe that under the guidance of the new development concept, the bamboo scenery line and bamboo industry in Sichuan will become an important engine for economic development, ecological protection, poverty alleviation and Rural Revitalization!

As long as it's done, there's no need to put the credit on me. One day, looking back at the bleak place of wind and rain in the past, I wandered back, no matter it was wind or rain or sunny.

Glad to write this preface.

Liu Hongbao

September 2020

(Liu Hongbao is director of Sichuan Forestry and Grassland Bureau and Sichuan

Administration Bureau of Giant Panda National Park)

中国是世界竹类植物的起源和分布中心之一，是世界上竹资源最丰富的国家，是世界上认识和利用竹子最早的国家，也是与竹子有着最密切关系的国家，素有"竹子王国"之称。据2017年出版的《World checklist of Bamboo and Rattan》统计，全球有竹类植物88属1642种，面积约3200多万公顷，其中，我国拥有竹类植物39属837种，竹林面积641万公顷，约占全球总量的20%。

随着世界上第一个总部设在中国大陆的国际组织——"国际竹藤组织"(INBAR)全球影响力日益扩大，随着"一带一路"战略倡议和"乡村振兴"战略规划的实施，深度影响中国的竹业必将越来越深刻影响世界。

竹林被称为"世界第二大森林"，具有一次种植、永续利用特性，是巨大的、绿色的可再生资源宝库和能源宝库；竹产业成为全球公认的绿色产业，拥有巨大的文化价值、生态价值和经济价值。

2005年，时任浙江省委书记的习近平同志在安吉竹乡首次提出了"绿水青山就是金山银山"的重要论述，为竹区发展指明方向，推动了竹区"绿水青山"向"金山银山"转化的革新。

2018年2月，习近平总书记来川视察时指出："四川是产竹大省，要因地制宜发展竹产业，发挥好蜀南竹海等优势，让竹林成为四川美丽乡村的一道风景线。"总书记的指示确立了四川乃至全国竹产业发展的方向，将竹产业高质量发展再次提升到新的时代高度。

中国竹之底蕴深厚，竹与自然演化、与人类生活息息相关，而川竹＋大熊猫、川竹＋文化旅游康养……在全国的地位可以说是独一无二的。

大熊猫是中国名片、四川名片。四川是大熊猫的故乡，大熊猫的发现刻画出了竹在四川的古老分布，川竹与大熊猫结下了历久弥新的不解之缘，已经成为大熊猫生命中不可或缺的部分，川竹底蕴与大熊猫文化深度融合，已成为生态文明的一道靓丽风景。

四川具有得天独厚的自然地理优势，历史悠久，文化底蕴深厚。四川盛产竹，西蜀远古先民就与竹相伴，千百年来，川人爱竹植竹用竹，衣食住行诸多都跟竹子有关，在巴蜀大地造就了一个个绿意盎然的竹海、生机勃勃的竹乡。竹子融入人类生活的方方面面，衣之有竹，食之有竹，写之有竹，书之有竹，用之有竹，娱之有竹……浸润在竹林之中的四川，似乎与竹有着天然的契合。

四川是世界竹类植物的起源地和现代分布中心之一，是我国竹子主产区，

前言

竹资源在全省20个市（州）的132个县（市、区）有分布。竹种类丰富多样，既有高寒山地天然林下大熊猫主食竹，又有低山丘陵平坝经济竹种，丛生竹、散生竹、混生竹类型齐全，材（浆）用竹、笋用竹、兼用竹类型齐备，在全国独具特色和优势。

四川竹产业发展历史悠久、基础良好，现有竹林（不含高山林下箭竹类）面积达1802万亩，居全国第一。其中，建成集中连片、集约高效的现代竹产业基地891万亩，占比提高到49.4%，是全国竹资源大省和重要的竹产业基地之一，已基本形成竹浆造纸、竹人造板、竹地板、竹家具、竹工艺品、竹编、竹纤维、竹食品等加工为主的竹产品加工体系和以竹文化、竹旅游、竹康养为主的竹休闲产业体系，竹产业发展在全国居于前列，2019年全省实现竹业产值605.9亿元，较2018年增长31.0%。目前，竹产业作为绿水青山转化为金山银山的重要载体，为改善农村生态环境、促进农民就业创业、推进农民增收致富、推动生态文明建设奠定了良好的基础，已成为竹区推动乡村振兴的主要途径之一。

建设美丽乡村竹林风景线，是贯彻落实习近平总书记对四川工作系列重要指示精神的重要要求，是践行"绿水青山就是金山银山"的重要举措，是推动全面高质量发展、打赢脱贫攻坚战和实施乡村振兴战略的重要支撑；2019年1月，四川省委、省政府印发《关于推进竹产业高质量发展 建设美丽乡村竹林风景线的意见》提出，以实施乡村振兴战略为统领，以推动高质量发展为目标，以"一群两区三带"（川南竹产业集群，成都平原竹文化创意区，大熊猫栖息地竹旅游区，青衣江、渠江、龙门山三大竹产业带）发展格局为骨架，分区推进竹林风景线建设。在推进工作中，要深度挖掘竹历史文化功能、生态康养功能、产业经济功能，突出"以生态为基、以文化为魂、以产业为根"的理念，注重竹林风景线建设与生态旅游结合、与产业基地结合、与乡村振兴结合、与大熊猫保护及国家公园建设结合，培育高品质竹林小镇（村）、国家公园入口社区和竹林人家，建设高质量翠竹长廊，打造复合型竹林景区和现代竹产业基地，建设现代化竹产业园区，发展竹文创、旅游、康养等产业，做大做强做靓竹产业；突出创新驱动、示范引领，发展新业态，延伸价值链，打造"点""线""面"相结合、一二三产业相融合的美丽乡村竹林风景线，将风景线建成竹生态旅游示范线、竹文化康养示范线、竹产业发展示范线，形成乡村振兴全面高质量发展示范线，谱写靓丽"四川竹林风景线"。

编　者

2020年7月

China is one of the origins and distribution centers of bamboo plants and has the most abundant bamboo resources in the world. China is also the earliest country in the world to know and use bamboo, and has the closest relationship with bamboo, commonly known as "bamboo kingdom". According to the World Checklist of Bamboo and Rattan published in 2017(International Bamboo and Rattan organization, abbreviated as INBAR), there are 1642 species of bamboo plants belong to 88 genera in the world, covering an area of about 32 million hectares, among them, China has 837 species of bamboo plants in 39 genera, and bamboo forests cover an area of 6.41 million hectares, accounting for 20% of the global total.

As the first international organization headquartered in China, the global influence of International Bamboo and Rattan Organization (INBAR) is expanding□ with the implementation of the strategic initiative of "One Belt, One Road" and strategic plan of "the Rural Revitalization", the bamboo industry, which has a profound impact on China, will have a more and more far reaching impact on the world.

Bamboo forest, known as "the second largest forest in the world", has the unique characteristics of sustainable utilization after one-time planting. It is a huge and green treasure house of renewable resources and energy. Bamboo industry has become a globally recognized green industry with huge cultural, ecological and economic value.

In 2005, Comrade Xi Jinping, then Secretary of the Zhejiang Provincial Party Committee, put forward the first time an important statement of " Lucid waters and lush mountains are invaluable assets" in the bamboo township of Anji County. This statement points out the direction for the development of bamboo area.

In February 2018, General Secretary Xi Jinping pointed out during his inspection in Sichuan: " Sichuan is a big province rich in bamboo resources. It is necessary to develop bamboo industry according to local conditions, give full play to the advantages of Shu-Nan Bamboo Sea, and turn the bamboo forest into a scenery line of the beautiful countryside in Sichuan." The instruction of the Secretary General established the development direction of bamboo industry in Sichuan and even the whole country, and raised the high-quality development of bamboo industry to a new era height again.

Chinese bamboo has a profound foundation and is closely related to natural evolution and human life. The modes of "Sichuan Bamboo + Giant Panda" and "Sichuan Bamboo + cultural tourism and health care" have a unique position in the whole country.

Giant panda is an important card of China and Sichuan. Sichuan is the hometown of the giant panda. The discovery of the giant panda depicts the ancient distribution of bamboo in Sichuan. Sichuan bamboo and the giant panda have formed a lasting and indissoluble bond, which has become an indispensable part of the life of giant panda. The deep integration of Sichuan bamboo and giant panda culture has become a beautiful landscape of ecological civilization.

Sichuan has unique natural and geographical advantages, a long history and profound cultural heritage. Sichuan is rich in bamboo. The ancient ancestors of Xi-Shu (another name of Sichuan) were accompanied by bamboo. For thousands of years, the people of Sichuan have loved, planted and used bamboo, in which clothing, food, shelter and transportation are all related to bamboo, and a lot of green bamboo sea and vibrant bamboo villages have been created in Ba-Shu (the ancient name of Sichuan). Bamboo has been integrated into every aspects of human life. It can be found bamboo in clothing, bamboo in food, bamboo in writing, bamboo in book, bamboo in using, bamboo in entertainment, etc. Sichuan, surrounded by and infiltrated in bamboo forests, seems to have a natural fit with bamboo.

Sichuan is the origin and modern distribution center of bamboo plants in the world, which is the main bamboo production area in China. Bamboo resources are distributed in 132 counties (county-level cities and districts) of 20 cities (prefectures)

in Sichuan Province. There are various types of bamboos, including bamboo as giant panda staple food under natural forests in Alpine mountainous areas, and other economic bamboo species in low mountains, hills and plains. Sichuan has a complete type of bamboo species including clump bamboo, scattered bamboo and mixed bamboo, and being used for various types of production including timber (pulp), bamboo shoots and combined use, which have unique characteristics and advantages in China.

Sichuan's bamboo industry has a long history and a good foundation. There are 18.02 million mu of bamboo forest (excluding Fargesia under high mountain forest), ranking first in China, including 8.91 million mu of modern bamboo industry base with centralized, contiguous, intensive and efficient construction, accounting for 49.4% of the total, which is one of the most important bamboo industry bases in China. It has basically formed a processing system of bamboo products oriented on bamboo pulp paper-making, bamboo wood-based panels, bamboo flooring, bamboo furniture, bamboo crafts, bamboo weaving, bamboo fiber and bamboo food, and the bamboo leisure industry system based on bamboo culture, bamboo tourism and bamboo health care. The development of bamboo industry is in the forefront in China. In 2019, the output value of bamboo industry in the whole province reached 60.59 billion yuan, an increase of 31.0% compared with that in 2018. At present, bamboo industry is an important carrier for the transformation of "Lucid waters and lush mountains into invaluable assets." It has laid a good foundation for improving rural ecological environment, promoting farmers' employment and entrepreneurship, boosting farmers' income and wealth, and driving the construction of ecological civilization. It has become one of the major routes to promote "rural revitalization" in bamboo areas.

Building a bamboo forest scenery line of beautiful countryside is an important requirement for implementing the important instructions of General Secretary Xi Jinping's work in Sichuan, an important measure to practice the statement of " Lucid waters and lush mountains are invaluable assets", and an important support for promoting comprehensive and high-quality development, winning the battle of poverty alleviation and implementing the strategy of Rural Revitalization. In 2019, the Sichuan Provincial Party Committee and the Provincial Government issued the document "Opinions on promoting high-quality development of bamboo industry and building bamboo forest scenery line of beautiful countryside". It is pointed out that under the guidance of the implementation of Rural Revitalization Strategy and the goal of promoting high-quality development, the development pattern of "one cluster, two areas and three belts" (bamboo industry cluster in southern Sichuan, bamboo cultural creative area in Chengdu Plain, bamboo tourism area in giant panda habitat, three bamboo industry belts of Qingyi River, Qujiang River and Longmen Mountain) is taken as the framework to promote the construction of bamboo forest scenery line in different areas. In the promotion work, it is necessary to deeply explore the historical and cultural functions, ecological and health care functions and economic functions of bamboo, highlight the concept of "taking ecology as the basis, culture as the soul and industry as the root", pay attention to the combination of bamboo forest scenery line construction with ecological tourism, industrial base, rural revitalization, giant panda protection and national park construction, so as to make the bamboo industry bigger, stronger and better by cultivating high-quality bamboo forest town (Village), the entrance community of National Park and bamboo forest family, building the high-quality Long Corridor of Green Bamboo, constructing the versatile bamboo forest scenic spot and modern bamboo industry base, establishing modern bamboo industrial park, and developing bamboo cultural and innovative industry, bamboo tourism and bamboo health care industry. Meanwhile, it is necessary to develop new industry and extend the value chain by focus on innovation-driven, demonstration and leadership, in order to create a beautiful rural bamboo forest scenery line with the combination of "point", "line" and "area" and the integration of primary, secondary and tertiary industries. Finally, the bamboo forest scenery line will be built into the demonstration line of ecological landscape, cultural tourism and health care and industry development, so as to form a comprehensive and high-quality development demonstration line for rural revitalization, and compose a beautiful "Sichuan bamboo forest scenery line".

Editors

July 2020

序

前　言

第一章　竹·神韵

第二章　竹·生态康养

第三章　竹产业·乡村振兴

目　录

墨竹　明·唐寅

第四章　竹林风景线建设

第五章　竹景观配置应用

后　记

CONTENTS

CHAPTER 4
CONSTRUCTION OF BAMBOO FOREST SCENIC LINE

CHAPTER 5
BAMBOO LANDSCAPE CONFIGURATION

Epilogue

　　据考古和历史文献资料记载，远古、原始时期中国竹林的分布，西起甘肃祁连山，北到黄河流域北部，东至台湾，南及海南岛。中华文化发源的两大中心——黄河流域和长江流域，正是在竹林生态区域之内。

　　在中华民族漫漫的历史长河中，竹与自然演化、与人类生活息息相关，竹历史文化的形成与传承是历史发展的必然，体现在生态文明、物质文明和精神文明的诸多方面。

第一章

竹·神韵

第一节
大熊猫与竹

　　大熊猫是我国独有、古老、珍稀国宝级野生动物，被誉为"活化石"和"中国国宝"，是世界生物多样性保护的旗舰物种，也是我国和世界各国交流的和平使者。大熊猫在历史上曾广泛分布于我国长江、黄河和珠江流域，由于受全球气候、地质变化、人类生产生活和大熊猫自身生物学特性等诸因素影响，目前仅分布于秦岭、四川盆地向青藏高原过渡的高山峡谷地带。该区域是全球地形地貌最为复杂、气候垂直分布带最为明显、生物多样性最为丰富的地区之一，也是我国生态安全屏障的关键区域，具有全球意义的保护价值。

　　大熊猫的历史可谓源远流长。迄今所发现的最古老大熊猫成员——始熊猫的化石出土于中国云南禄丰和元谋两地，地质年代约为 800 万年前中新世晚期。化石显示，大熊猫祖先出现在二三百万年前的洪积纪早期。距今几十万年前是大熊猫的极盛时期，它属于剑齿象古生物群，大熊猫的栖息地曾覆盖了中国东部和南部的大部分地区，北达北京，南至缅甸南部和越南北部。化石通常在海拔 500～700 米的温带或亚热带森林发现。后来同期的动物相继灭绝，大熊猫却孑遗至今，并保持原有的古老特征。

　　大熊猫栖于中国长江上游的高山深谷区海拔 2600～3500 米的茂密竹林里，为东南季风的迎风面，气候温凉潮湿；大熊猫是一种喜湿性动物，总爱在湿度 80% 以上的阴湿天地里生活。大熊猫具有不惧寒湿，从不冬眠的性格。气温在 -4～14℃ 它们仍然穿行于被白雪压得很厚的竹丛中。大熊猫活动的区域多在坳沟、山腹洼地、河谷阶地等，一般在 20°以下的缓

大熊猫食竹

坡地形。这些地方森林茂盛，竹类生长良好，气温相对较为稳定，隐蔽条件良好，竹子的食物资源和水源都很丰富，有利于大熊猫建巢藏身和生长繁育。

影响野外大熊猫分布和密度的因素主要有竹子、地形、水源的分布，以及有藏身处、哺育幼仔的巢穴和山势等。人为的干扰是现今影响大熊猫分布的主要因素。

大熊猫是中国的特有物种，分布地区包括秦岭、岷山、邛崃山、大相岭、小相岭和大小凉山等山系。

根据全国第四次大熊猫调查报告，全国野生大熊猫种群数量 1864 只，大熊猫栖息地面积 25766 平方公里，主要在中国四川、陕西和甘肃的山区，其中四川境内分布 78.7%。

四川被公认为"大熊猫的故乡"。值得一提的是，1961 年，联合国世界濒危野生动物基金会将大熊猫定为会徽，宝兴县用汉白玉雕刻的十余个"大熊猫"，至今仍安放在基金会总部和各分部大门前。

大熊猫分布示意图

一、川竹与大熊猫

四川是大熊猫的发现地，大熊猫是四川的名片。川竹与大熊猫结下了不解之缘，已经成为大熊猫生命中不可或缺的一部分。

（一）大熊猫的发现地——四川宝兴

中国人对熊猫的认识由来已久，早在文字产生初期就记载了熊猫的各种称谓。《书经》称貔，《毛诗》称白罴（pi），《峨眉山志》称貔狓，《兽经》称貉，李时珍的《本草纲目》称貘，等等。

四川西北部宝兴县处于盆地向高原高山的过渡地带，蕴藏着全国近四分之一的动物物种，其中许多是珍禽异兽。1862—1874年，法国传教士阿尔芒·戴维在中国居住期间，得知四川宝兴一带动物种类很多，有一些是人们尚未知晓的珍稀物种，便从上海到达宝兴，担任穆坪东河邓池沟教堂的第四代神父。

1869年的春天，戴维在途中路过一户姓李的人家，挂在墙上的一张黑白相间的奇特动物皮吸引了戴维。主人告诉他：当地人叫这种动物是"白熊"、"花熊"或"竹熊"，它很温顺，一般不伤人。戴维估计这次发现将填补世界动物研究的一个空白。为了得到这种奇特的动物，戴维雇用了20个当地猎人展开搜捕。3月23日，猎人们送来了第一只小"竹熊"，遗憾的是他

大熊猫取食竹子

大熊猫发现者——法国博物学家阿尔芒·戴维及其日记

们为了便于携带，已是一个尸体了。

1869 年 5 月 4 日，猎手们终于给戴维带来了喜讯：捕到一只"竹熊"。戴维给"竹熊"取名"黑白熊"，并对这只"黑白熊"进行了当地人从未看到过的科学观察。经过一段时间的悉心喂养，戴维决定将这只"黑白熊"带回法国。这只"黑白熊"经不起长途山路的颠簸和气候的不断变化，还没运到成都就奄奄一息，戴维将这只"黑白熊"的皮做成标本，送到法国巴黎的国家博物馆展出。世界上第一只大熊猫模式标本竟然就这样产生了。法国巴黎国家博物馆将这张兽皮展出，经博物馆主任米勒·爱德华兹充分研究后认为：它既不是熊，也不是猫，而是与中国西藏发现的小猫熊相似的另一种较大的猫熊，便正式给它定名为 *Ailuropoda melanoleuca*（猫熊），鉴定报告发表在 1869 年《巴黎自然历史博物馆之新文档》第五卷，从此，匿居荒野的猫熊进入人类文明的视野。

大熊猫的发现在西方世界引起轰动。从那以后，一批又一批的西方探险家、游猎家和博物馆标本采集者来到大熊猫产区，试图揭开大熊猫之谜并猎获这种珍奇的动物。

（二）大熊猫主食竹

大熊猫的生存和演化过程中，竹林是不可或缺的条件。据相关基因研究估计，大熊猫在至少 700 万年前就已经开始吃竹子。其实大熊猫的祖先很久以前是吃肉的，据科学家在分析距今 300 万年的大熊猫化石后发现，那时的大熊猫已经是杂食动物，有了吃竹子的迹象。发表在《当代生物学》上的报道表明，大熊猫在约 5000～7000 年前才开始专以竹子为食。

可见，在地球上早已有竹子生存了，在原始社会时期，竹子和生物演化、人类生活有着密切关系。

而今，竹子已经占据了大熊猫食物的 99% 以上。大熊猫的食性是其最为奇特和有趣的习性之一，因为它几乎完全靠吃竹子为生，在野外自然采食的 50 多种植物中，竹类就占一半以上，而且占全年食物量的 99% 以上。在大熊猫分布区内，竹子种类很丰富，冷箭竹、八月竹、实竹子、筇竹、大叶筇竹、箬竹、少花箭竹、短锥玉山竹、北背玉山竹、峨热竹、巴山木竹、糙花箭竹、缺苞箭竹、华桔竹等。这些竹子长期生长在亚高山暗针叶林、山地暗针叶林、山地针阔叶混交林及山地常绿阔叶林的林冠下，分布海拔从 700～3500 米不等，不同山系的大熊猫主食竹类不同。

大熊猫的食谱随山系和季节而有变化，在不同的季节采食不同种类的竹子或同种竹子的不同部位。春夏季最爱吃不同种类的竹笋，秋季多以竹叶为主食，冬季以竹秆为主食。

2019 年，四川省林业和草原局、卧龙国家级自然保护区管理局等陆续发布了全省野生大熊猫取食竹类、主食竹来源及分布情况调查报告，进一步揭示了大熊猫野生种群的"食谱"。

取食竹，是大熊猫日常取食的对象；主食竹，则是大熊猫的"主粮"。根据四川省林业和草原局调查，全省现有竹子 216 种，但只有 32 种为大熊猫取食竹。这其中，分布最广的是冷箭竹、缺苞箭竹，两者面积合计近 80 万公顷，占全省野生大熊猫取食竹约 40%。具体而言，冷箭竹占总面积的 20.92%，缺苞箭竹占比约 18%。

换句话说，32 种取食竹中，大熊猫最爱采食的是冷箭竹和缺苞箭竹，这些主食竹，往往占到大熊猫食物的七成左右，是大熊猫的"主粮"。

监测表明，一头成年大熊猫每昼夜最少要吃 15 ~ 38 公斤竹子，接近其体重的 40%。而生长速度较快、面积分布较大的冷箭竹与缺苞箭竹恰好能够提供这样的食物来源。

但"主粮"并非不可替代。研究表明，大熊猫会随着气候、不同取食竹长势来"换口味"。目前，圈养大熊猫常用的食用竹种类有巴山木竹、刺竹、白夹竹、箬叶竹、淡竹、苦竹、阔叶箬竹、毛竹（又名孟宗竹）、冷箭竹、拐棍竹、矢竹、三月竹笋、方竹笋等。

无论是取食竹还是主食竹，均有其生命周期。我国 2000 多年前的《山海经》中就有"竹生花，其年便枯"的记载；秦代有本书谈起竹子大规模开花，书中说："一甲子乃产子而亡。"

在过去的近 50 年里，也有记录竹子开花之事。一次是 1976 年冬春间，在甘肃文县和四川平武、南坪等县竹子大量死亡，岷山的竹子大面积开花枯死，形成了一个面积为数千平方公里的竹子开花枯死区，其中心地带由于海拔较高，竹种少，因此灾情特别严重，造成大熊猫大量死亡，相继发现 138 具大熊猫尸体。正当人们对这次大熊猫死亡事件的真正原因还来不及进行深入分析时，另一次大规模竹子开花发生了。1982—1983 年，四川的岷山和邛崃山系的竹类出现大面积开花枯死，威胁着当地大熊猫的生存。

1984 年，在拯救大熊猫的热潮中，为了抢救大熊猫，解决其匮食危机，建立长期的食料基地及稳定的主食竹类生态系统，根据国务院、林业部指示，林业部科技司下达了"大熊猫主食竹类生态系统研究"项目，由四川省林业科学研究院主持承担。

通过研究与示范，有效解决了大熊猫主食竹更新复壮、栖息地竹林营造与经营利用等关键技术问题，为大熊猫保护和栖息地修复提供科技支撑。

统计显示，四川省野生大熊猫栖息地内，分布着取食竹 192.55 万公顷，占全省大熊猫栖息地总面积的 94.98%，两者高度重合。

因此，川竹与大熊猫结下了不解之缘，已经成为大熊猫生命中不可或缺的一部分。在保护大熊猫这一濒危古老物种的同时，大熊猫赖以生存的生态系统以及栖息地内群众的生产生活方式等传统被保留下来，对生态文明建设和传统文化传承具有十分重要的作用。

作为世界濒危物种保护的典范，大熊猫在生物多样性保护的历史过程中，逐渐形成了不可替代的文化价值。大熊猫文化可视为四川竹文化的衍生，也是人类文化的重要组成部分。

大熊猫食竹

二、大熊猫栖息地保护——大熊猫国家公园

大熊猫是世界上极其宝贵的自然历史遗产，具有重要的学术研究价值，其生存和保护现状为世人所关注。保护大熊猫的根本措施是保护大熊猫的栖息地，促进野和饲养大熊猫的繁殖，完善和强化管理手段，采取科学的方法，为大熊猫的生存创造必需的条件，稳定进而发展大熊猫种群数量，发展和恢复大熊猫的潜在栖息地。

党中央、国务院高度重视大熊猫及其栖息地保护，习近平总书记对大熊猫保护工作多次作出重要指示批示，李克强总理等中央领导同志多次批示部署大熊猫保护工作。2016 年 4 月 8 日，中央经济体制和生态文明体制改革专项小组召开专题会议，研究部署在四川、陕西、甘肃三省大熊猫主要栖息地整合设立国家公园。2017 年 1 月 31 日，中共中央办公厅、国务院办公厅印发《大熊猫国家公园体制试点方案》。

大熊猫国家公园，是由国家批准设立并主导管理，以保护大熊猫为主要目的，实现自然资源科学保护和合理利用的特定陆地区域。大熊猫国家公园范围涉及四川、陕西、甘肃三省，面积为 27134 平方公里，划分为四川省岷山片区、邛崃山—大相岭片区、陕西省秦岭片区和甘肃省白水江片区，其中四川园区占地 20177 平方公里，甘肃园区面积 2571 平方公里，陕西园区 4386 平方公里。

建立大熊猫国家公园，有利于增强大熊猫栖息地的连通性、协调性和完整性，实现大熊猫种群稳定繁衍；有利于加强大熊猫及其伞护的生物多样性和典型生态脆弱区整体保护，打造国家重要生态屏障，维护国土生态安全；有利于创新体制机制，解决好跨地区、跨部门的体制性问题，实现对山水林田湖草重要自然资源和自然生态系统的原真性、完整性和系统性保护；有利于促进生产生活方式转变和经济结构转型，全面建成小康社会，形成生态保护与经济社会协调发展、人与自然和谐共生的新局面。因此，建立大熊猫国家公园是中国生态文明制度建设的重要内容，对于推进自然资源科学保护和合理利用，促进人与自然和谐共生，推进美丽中国建设，具有极其重要的意义。

四川境内大熊猫国家公园划入面积为 20177 平方公里，其中野生大熊猫栖息地面积 18056 平方公里，划入区内拥有野生大熊猫 1631 只。划入的栖息地面积、种群数量分别占四川总量的 74.36% 和 87.50%。

四川大熊猫国家公园·探索历程

2013 年年底

在"4·20"芦山强烈地震灾后重建时，四川提出依托宝兴、芦山等灾区的野生大熊猫栖息地设立"大熊猫国家公园"。

2015 年 2 月 28 日

国家林业局野保司首次确认，在四川等地试点大熊猫国家公园体制。

2015 年 11 月

四川省委十届七次全会将"加强生物多样性保护，探索建立以大熊猫等珍稀物种、特殊生态类型为主题的国家公园"写入四川"十三五"规划。

2016 年 1 月 26 日

中央财经领导小组第十二次会议决定，依托珍稀物种建设一批国家公园，保护自然生态系统的原真性和完整性。

2016 年 4 月

中央财经领导小组决定，启动大熊猫、东北虎豹等国家公园体制试点方案编制工作。

2016 年 5 月

作为牵头省份，四川与陕西、甘肃合作，研究制定大熊猫国家公园划定范围、机构人员安置、划定区域内自然资源财产处置等事宜。当年 8 月，川陕甘三省编制的相关方案上报中央。

2017 年 1 月

中共中央办公厅、国务院办公厅印发《大熊猫国家公园体制试点方案》，大熊猫国家体制试点全面启动。

2017 年 4 月

四川省大熊猫国家公园体制试点工作推进领导小组召开第一次全体会议。

秦岭片区
分布的大熊猫为秦岭亚种，是大熊猫分布纬度最高、密度最大的地区，位于陕西省西安、宝鸡、汉中、安康 4 市

面积
4386
平方公里

野生大熊猫数量
298
只

大熊猫国家公园面积为
27134
平方公里

分为四川省岷山片区、邛崃山—大相岭片区，陕西省秦岭片区和甘肃省白水江片区

其中两个片区位于四川，面积总和达到
20177
平方公里

占大熊猫国家公园面积的
74.4%

白水江片区
位于甘肃省陇南市
面积
2571
平方公里

野生大熊猫数量
111
只

岷山片区
是大熊猫分布区域最多的区域，横跨成都、德阳、绵阳、广元、阿坝等 5 个市(州)
面积
10013
平方公里

野生大熊猫数量
656
只

邛崃山—大相岭片区
是大熊猫分布最广的区域，位于成都、眉山、雅安、阿坝等 4 市(州)
面积
10164
平方公里

野生大熊猫数量
549
只

大熊猫国家公园四川管理区示意图

根据 2015 年发布的大熊猫第四次调查成果，至 2014 年，四川大熊猫栖息地面积 202.7 万公顷，占全国大熊猫栖息地总面积近八成。同期，潜在栖息地 41 万公顷，占全国大熊猫潜在栖息地总面积的近一半。野生大熊猫数从 20 世纪 80 年代的 909 只增加到 1387 只，增幅超过五成。而四川共有圈养种群 387 只，同样位居全国第一。

数据统计显示，无论是栖息地面积还是种群数量，四川大熊猫占总量比例都超过 70%，是当之无愧的"熊猫故乡"。大熊猫不仅代表着四川的生态文明建设成就，也汇聚了四川地域文化与特色，川竹底蕴与大熊猫文化深度融合，已成为生态文明的一道靓丽风景。

第二节
竹之底蕴

　　中国是世界四大文明古国之一，是世界上认识、研究、培育和利用竹子最早的国家，也是世界竹类植物的起源和分布中心之一、与竹子有着最密切关系的国家，素有"竹子王国"之称。正如英国皇家科学院院士、研究东亚文明的权威李约瑟在《剑桥中国科技史》中所指出的，东亚文明过去被称为"竹子"文明，中国则被称为"竹子文明的国度"。中国从新石器时代就跨入了"竹子文明"的时代，竹子保存传播了中国的上古文化，滋养了中国人的性情，丰富了中国人的生活，竹子与中国历史文化发展源远流长，竹子与中华民族物质文明进化、精神文明发展息息相关，我国著名竹类研究学者、南京林业大学熊文愈教授对此曾有精辟概括：华夏竹文化，上下五千年；衣食住行用，处处竹相连！

一、"竹"字探源

　　在中国古代神话传说中，已经反映出竹子的使用。在中华民族的日常衣、食、住、行中，到处都有竹的踪影。早在 7000 年前，我们的祖先已用竹子制作箭头、弓弩等武器，用于娱乐、捕猎或战争了。距今 7000 年前的浙江余姚河姆渡原始社会遗址内也发现了竹子的实物，可见在原始社会时期竹子和人们的生活已有了密切关系。由于只有竹子已为人所用，才须为其创造一种文字符号。

　　我国著名林学家、中国林业科学研究院首席科学家彭镇华教授在《绿竹神气》（2005）专著中专章进行了"个"字探源考证，首次论证了"个"

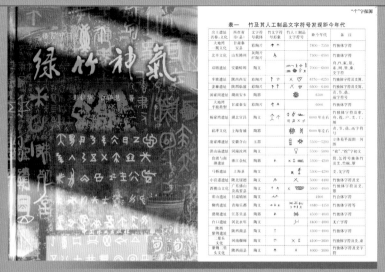

《绿竹神气》（彭镇华、江泽慧著，2005）

作为竹字独体字起源与演化、陶文与甲骨文内在联系及其在汉字体系所起字母的重要作用。考证认为，竹独体字初文"个"，出现于甘肃秦安县大地湾一期文化遗址陶文中，距今 7800—7550 年……《史记》："木千章，竹竿万个""个"独体字及竹部文字在甲骨文中也有其演化与发展过程。

1954 年在西安半坡村发掘了距今约 6000 年左右的仰韶文化遗址，其中出土的陶器上可辨认出"竹"字符号。早在五六千年前仰韶文化陶器上的符号和其后的甲骨文中，已有象形的"竹"字及和竹有关的字。而中国文字最早见于陶器上的象形符号，其后为甲骨文、金文。说明在此之前，竹子已为人们所研究和利用，也即中国人民研究和利用竹子的历史可追溯到五六千年前的新时器时代。汉字起源于原始社会崩溃的仰韶文化，而"竹"字的原始符号则应在此之前就已出现了。

"竹"，《说文》"冬生草也。象形。下垂者，箁箬也。凡竹之属皆从竹。"东汉许慎《说文》中竹部汉字有 145 个，涉及人们生活中衣、食、住、行的各个方面，充分反映了中国传统文化中蕴含丰富的竹文化，也可看出中国竹子利用的古老历史。随着人类对竹子的认识不断提高，竹类利用日益广泛，而竹部文字也必然随之增加。《辞海》（1979 年版）中共收录竹部文字 209 个，如笔、籍、簿、简、篇、筷、笼、笛、笙等等。历代各类字典收录的就更为可观。而诸如"竹报平安""衰丝豪竹""青梅竹马""日上三竿"一类的成语也都包含着与竹子有关的有趣典故。这些竹部文字和成语涉及社会和生活的各个领域，一方面反映了竹子日益为人类所认识和利用，另一方面反映了竹子在中国几千年的历史上在工农业生产、文化艺术、日常生活等多方面起着重要作用。

甲骨文中竹子符号的出现到竹部文字的创造和发展，从一个重要侧面反映了中国竹子文明的历史演进。著名竹子专家熊文愈教授详细统计了甲骨文（殷商）、金文（周）、《说文解字》（东汉）、《玉篇》（梁）、《字汇》（明）、《康熙字典》（清）等各代重要字典中竹部文字的数量。根据出土文物和有关典籍记载，论述了竹子与中国古代工农业生产、交通运输、军事武器、文化艺术、音乐以及人们日常生活诸方面的密切关系。中华文化浸透了竹子的痕迹，悠悠五千年，中华民族的成长、壮大、繁荣，也是一部竹子文明繁衍和发展的诗篇。

二、竹简、竹笔和《汉书》

古人最早用竹片作为文字的载体，用牛皮绳穿起来编结成书，这就是所谓的"韦编"。

研究证明，中国在商代已开发利用竹子，其中之一就是用作竹简，即把字写在竹片（有时用木片）上，再把竹片用绳串在一起制成"书"，

令便用"笋焖肉"款待他。苏东坡食后赞不绝口，情不自禁地又吟完后两句："若要不瘦又不俗，还是天天笋焖肉。"

随着历史的发展，竹笋菜肴日益发展壮大，形成了和而不同、各具特色的中华美食竹笋名宴，受到了人们的广泛喜爱。《中华饮食文库·中国菜斋大典（素菜卷）》收录了110道竹笋菜斋。近代作家梁实秋的散文《笋》更是引人入胜，他怀念北京东兴楼的"虾子烧冬笋"、春华楼的"火腿煨冬笋"等名菜。大师林语堂妙论食笋，说竹笋之所以深受人们青睐，是因为嫩竹能给我们的牙齿以一种细微的抵抗，品鉴竹笋也许是别有滋味的最好一例，它不油腻，有一种神出鬼没般难以捉摸的品质。人们还以竹米酿酒，味清醇甘冽。庚信诗云："三杯竹叶酒，一曲鹧鸪鸣。"竹荪被誉"竹女""白裙公主"，有"山珍之王"美称，是国宴之佳品。明代大药物学家李时珍在《本草纲目》中记载了堇竹、淡竹、苦竹的药用价值。

桶竹笋（牟一平 摄）

竹笋佳肴

（三）居者竹

以竹为居，有竹舍、竹楼、竹亭、竹廊等竹建筑。在中国，用竹作建筑材料历史悠久。从原始先民住的"巢居"，到汉代的甘泉祠宫都是用竹子建构而成的。在距今约6000年的湖南常德屈家岭文化的城头山古城遗址，考古发现用竹作建筑材料。宋朝以后，在经济发达地区竹建筑渐趋减少，而在南方少数民族地区，以竹为屋更是常见。云南傣族、景颇族、德昂族、布朗族、基诺族和部分佤族、傈僳族、怒族、哈尼族聚居区，竹楼是主要的民居建筑形式。竹被中华民族用作房屋各个部分的建筑材料，甚至到了"不瓦而盖，盖以竹；不砖而墙，墙以竹；不板而门，门以竹。其余若椽、若楞、若窗牖、若承壁，莫非竹者"（《粤西琐记》）的地步。竹建筑体现了中华民族尚俭归朴的生活情趣、优美和谐和空灵飘逸的审美理想。竹建筑绿色古朴，在现代园林建设中被广泛采用。北京紫竹院公园、杭州花港观鱼公园、湖南桃源风景区，均见造型轻巧的竹制长廊。2010年上海世博会上，浙江的竹立方、秘鲁馆的竹墙、印度馆的竹穹顶，低碳建筑元素，显示竹之时代活力。依托中国林科院专利技术制造的高性能竹基纤维复合材料，因其具有高强度、低碳环保、高耐候性、阻燃、净化空气、使用寿命长等特点，目前已广泛应用于建筑结构、室内外装修、高档家具等领域。

竹建筑

往来穿梭海中海（张华摄）

（四）行者竹

以竹为行，有竹筏、竹船、竹车、竹轿、竹索桥等。在古代，竹筏、竹船是江南水乡主要交通工具。竹在交通方面发挥了重要作用，古代交通运行工具和交通设施的起源与发展，均与竹有极密切的关系。早在先秦时期，竹子在交通工具和交通设施中就得到了广泛使用。春秋战国时期车上的许多部件都是用竹制成的，而后出现了竹轿、竹桥。虽然当下城市里竹桥基本被混凝土浇筑的桥取而代之，但因其较强的艺术性还存在于许多旅游景区和公园。如北京紫竹院公园用竹仿建了一座侗寨的风雨桥，常年给游客带来清爽幽静的感觉，让人流连忘返。

以竹做筏作为水上交通工具就是最典型的代表。古人取竹制造竹车、竹筏、船及桥梁，创造了世界交通史上许多第一例，对世界交通工具和交通设施的发展做出了巨大的贡献。

竹筏、竹船和竹桥

（五）用者竹

以竹为用（日用器物），有竹筷、竹笼、竹箪、竹筐、竹篮、竹椅、竹桌、竹床、竹筒、竹箱、竹帘、竹屏风、竹席、竹枕、竹扇、竹笠、竹伞、竹帚、竹杖、竹灯笼，以及游艺的竹马、竹风筝、空竹、竹蜻蜓等等。早在旧石器时代的晚期和新石器时代的早期，中国古代先民就利用竹制作生活用器具。据考古发掘，距今 5000 年前的良渚遗址中就发现了丰富的竹器。明清时期，竹器已达到 250 余种，体现了中华民族生活艺术化的情趣。

中国古代竹子的利用涉及农业生产、军事和日常生活等各个方面。春秋战国时期，我们的祖先已制造了利用杠杆提水的竹制工具"桔槔"，用竹筒提水灌溉的"高转筒车"。

竹子在武器发展史上也起到了重要作用，竹箭是最具代表性的竹制武器。从原始的竹弓射箭到春秋时期的抛石机、宋代的火药箭和竹管火枪等都是古代竹制武器。

桔槔和筒车

竹制日用器具

利用竹子的另一项伟大成果是造纸。公元六世纪至十世纪的隋唐五代时期，我国除麻纸、楮皮纸、桑皮纸、藤纸外，还出现了檀皮纸、瑞香皮纸、稻麦秆纸和新式的竹纸。在南方产竹地区，竹材资源丰富，因此竹纸得到迅速发展。关于竹纸的起源，先前有人认为开始于晋代，但是缺乏足够的文献和实物证据。从技术上看，竹纸应该在皮纸技术获得相当发展以后才能出现，因为竹料是茎秆纤维，比较坚硬，不容易处理，在晋代不太可能出现竹纸。竹纸应该起源于唐以后，在唐宋之际有比较大的发展，而欧洲要到十八世纪才有竹纸。中国用竹造纸比欧洲早约 1000 年。关于用竹造纸，明代《天工开物》中作了详细记载，并附有竹纸制造图。实际上在竹纸出现以前，制纸工具也离不开竹子。从竹简开始到竹纸出现，竹子在文化发展中始终占有重要地位，对保存人类知识，形成中华民族源远流长、光辉灿烂的历史文化起到了直接和间接的作用。

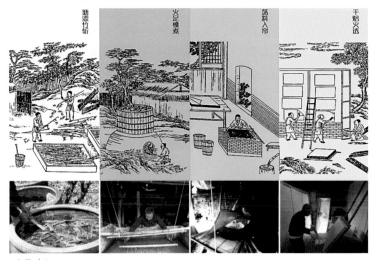

竹浆造纸

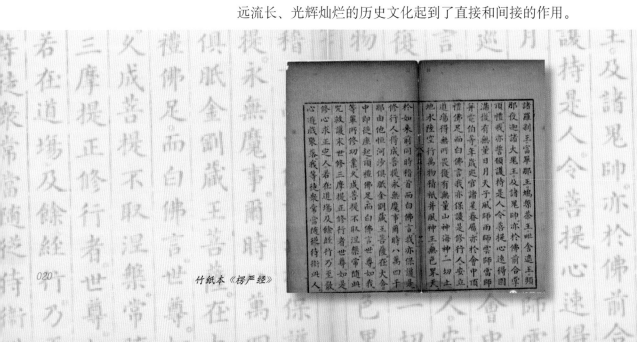

竹纸本《楞严经》

空竹系民间音响玩具，当下仍很盛行，花样多多。艺术家把空竹与舞蹈嫁接，推出《俏花旦》，登上春晚舞台，将空竹玩到了极致。文人书房物件中有竹臂搁、竹笔筒、竹管笔、竹纸。《宋稗类钞·古玩》载："上古无墨，竹挺点漆而书。"竹挺是竹削尖的竹棍，南方少数民族曾用竹挺做笔，书写文字。毛笔即由竹挺演变而来。当今毛笔其笔管仍为竹制，称竹管笔。竹纸"舒之虽久，墨终不渝"，深为画家和书法家青睐，许多传世书画名作得以存留，赖竹纸之功。而竹纸之前的竹简，承载中华文明，溯源千年。古时人们外出以竹笠遮雨，竹鞋踏泥。随着社会发展，文化生活的不断进步，竹器种类花样翻新，日益增多。坐有竹椅、竹凳、竹沙发，卧有竹躺椅、竹床、竹席、竹枕，住有竹楼、竹屋，穿戴有竹衣、竹鞋、竹笠，贮藏物品有竹柜、竹箱、竹匣，装饰美化客厅的有住屏风、竹帘、竹花瓶、竹灯笼，存放食品及餐具的有竹橱、竹篮、竹桶、竹盒、竹碗、竹筷，供书写用的有竹桌、竹座椅、竹笔筒、毛笔，农家常用的有竹箩、竹筐、竹筛、竹篓、竹簸箕、竹扫帚、竹芭、竹扁担，以及人们手中的折扇、团扇，老人用的手杖等。

以竹为用（工艺品），有竹编、竹刻。竹编是中国人的最早发明，新石器时期便有了竹编器具。浙江钱山文化遗址中出土的 200 余件竹编器物说明当时我们的先人就已经有了较娴熟的编织技能。竹编是竹篾编织的具有审美意味的竹工艺品，有大型竹编、动物竹编、瓷胎竹编、竹编凉席、竹帘画、竹画。梁平的竹帘画为巴蜀一绝，人民大会堂四川厅大型无画素竹帘，堪称精品。竹刻有竹根雕、竹筒雕、竹黄雕、竹刻楹联。竹刻发展成为一门独立艺术是在明中期以后。由于竹在中国传统文化中具有"气节""隐逸""君子"等文化内涵，符合当时知识界的思想需求，因而备受青睐。一些具有较高文化水平与艺术修养的雕刻家投身于竹刻创作，吸收书画艺术之营养，创造出了高品位的竹刻作品，改变了人们

以往视竹木一类雕刻工艺为"奇技淫巧"的观念，而以得到名家制作的竹刻作案头清供和掌中珍玩为风雅之事。如竹根结构独特，形似人物头像，竹刻家的妙手回春，一尊尊佛像、隐者、仙翁、僧人，简古雅志，趣味盎然。

（六）乐者竹

以竹为乐，有竹板、切克、霸王鞭、四块瓦、竹节、渔鼓、竹板琴等竹制打击乐器，有笛、箫、笙、茄管等竹制吹奏乐器，有京胡、二胡、竹高胡等竹制拉弦乐器。竹乐器伴奏歌曲，音域宽广，乐音悠长，娓娓动听。侗族的芦笙、彝族的巴乌、黎族的笛列、阿昌族的三月箫、高山族的竹弓琴、佤族的独弦琴、瑶族的"竹枕头"、基诺族的竹筒，边民借竹发声，竹曲竹乐，其乐融融。

在中国，有了竹才有了竹乐器，才有了音乐。在《汉·律历志》中记有这样一个传说，古时候，皇帝指使一个叫伶伦的人定"音律"，伶伦使去大夏之西，从昆仑山南麓取来了竹子，断面节间长 6 寸 9 分，"吹之，恰似黄钟宫调，音律优美"，从此，中国便有了萧笛等乐器。

考古学家在湖北随县曾侯乙墓出土文物中发现了竹制的十三管古排萧实物，是目前考古文物中发现年代最早的排箫。古时称音乐为"丝竹"。唐代，称乐器演奏者为"竹人"，我国南方有一民间乐器直接称为"江南丝竹"。中国传统乐器如笛、箫、笙、筝、鼓板、京胡、二胡、板胡等都离不开竹。从那牛背上的牧童吹响动听的竹笛和苗寨传情的芦笙到现代流行音乐都有竹乐器那悦耳的演奏，可以说，中国的管音乐实际上就是竹管音乐。演奏的乐曲是一种远离尘嚣的最清纯最原始也最贴近自然的天籁之声。

竹与中国的音乐文化有着重要的联系，竹是制作乐

湖北随县曾候乙墓出土的竹排萧

器的重要材料，中国传统的吹奏乐器和弹拨乐器基本上是用竹制造的。历史文献和考古资料证实，自周朝以后，历代使用竹定音律，晋代出现了以"丝竹"为音乐的名称，有"丝不如竹"之说。可见竹是中国音乐文化中不可替代的物质载体，对中国音律的起源和音乐的发展产生了重要的影响。

（七）景者竹

以竹为景，构筑园林。青青竹色，玉立婷婷，历来是造园家得心应手的构园材料。竹子是我国古典风格园林中不可缺少的组成部分。我国的造园

竹梧消夏图（明·仇英）

燕寝怡情图（清）

史从公元前 11 世纪周文王筑灵台、灵沼、灵囿开始，这可以说是最早的皇家园林。那时便有竹子应用于皇家园林的描述，"天子西征，至于玄池 …… 天子乃树之林，是曰竹林"（《穆天子传》）。据《尔雅·释地》记载："东南之美者，有会稽之竹箭焉。"说明古人早就懂得欣赏秀丽的竹林风光了，秦始皇统一六国后大兴土木，为建上林苑从山西云冈引种竹子到咸阳。这是竹子用于建园的最早记载。当时的种竹、建竹园大多只限于营建狩猎场和战略物资基地，竹子造园还处于萌芽状态。

到了魏晋南北朝，中国园林从萌芽状态进入了发展期，当时的文人士大夫受政治动乱和宗教处世思想影响，崇尚玄淡，寄情山水，游访名山大川，成了一时的风尚。讴歌自然景物和田园风光的诗文及刚萌芽的山水画，加速了园林的发展，产生了有别于皇家宫苑的自然山水园。竹子随即融入了造园之中，当时的皇家园林和官宦私家园林中的竹子造景也相应得到发展。《水经注》介绍北魏著名御苑"华林园"："竹柏荫于层石，绣薄丛于泉侧。"《洛阳伽蓝记》记录了洛阳显宦贵族私园"莫

不桃李夏绿，竹柏冬青"。唐宋时期，竹子造园进入全盛阶段，由唐代文人王维规划的"辋川别业"中有"斤竹岭""竹里馆"等竹景。北宋有《御制艮岳记》《洛阳名园记》，南宋有《吴兴园林记》，贵族官僚富商聚居江南，皇家宫苑、私家园林之盛不言而喻。明清时期竹园发展进入成熟阶段，继承了唐宋传统，竹与水体、山石、园墙、建筑等的结合逐渐形成地方风格。其中以宅园为代表的江南园林是中国封建社会后期园林发展的一个高峰，竹子与水体、山石、围墙建筑结合成竹林景观是江南园林、岭南园林的最大特色之一。沧浪亭、狮子林等苏州六大名园及扬州个园、惠州逍遥堂等在竹子造园上运用得相当成功，许多造园手法仍为今人造园所采用。

扬州个园　　　　杭州云栖竹径

美学家陈从周把竹、芭蕉、书法并称江南园林三宝。人们可见到以竹为主题的园林，欣赏"云栖竹径""竹楼小市""竹坞寻幽""移竹当窗""竹径通幽"的竹景，以及竹种园、竹类公园，国家森林公园、自然保护区和风景名胜区的大面积竹海，竹波竹浪，唤起人们对山河大美壮美由衷的赞叹。

五、竹子人文

（一）竹宗教

中华文化在战国时期开始把竹神圣化和非凡化，对之加以崇拜。天师道把竹视为具有送子和延寿神秘力量的"灵草"，人们常崇拜竹以祈求得子或求子健康成长，以驱病延寿。以竹为神，南方少数民族以竹为图腾，视竹为该族群祖先的保护神，是族微、标号和象征。宜宾市南溪区境内汉代石棺"凤竹蛇"浮雕是古代僰人、楚人、越人三大民族的图腾标记以及各民族相互融合的历史见证。少数民族地区广泛流传竹生人的神话传说，彝族、傣族、景颇族等少数民族视竹为本民族源出的植物或搭救其祖先性命之物，作为本民族的祖先和保护神进行祭祀，竹成为一种图腾。竹宗教符号象征着中华民族虔诚的宗教情感、对现实的态度及对未来的热望。

长宁苦竹寺

（二）竹民俗

竹子在民俗文化中具有极为重要的作用。竹文化联系着口承文艺、游乐活动和民间习俗；祭祀、婚丧、交际、节日、朝规等社群文化构成了民间竹文化的重要元素。布朗族、仡佬族等民族以竹为族姓，举行祭祀。台湾高山族以竹纹身，称为"文竹"。四川竹俗有竹节令、竹舞蹈、竹歌谣。竹节令有除夕祭竹、新年耍龙灯、元宵猜竹灯谜、端午节食竹粽等；竹舞蹈有车车灯、快板、金钱板、打莲枪、竹竿舞等；竹歌谣有婚俗歌、节气歌、情歌、童谣等。

（三）竹诗歌

早在远古时期，竹就被当作原始歌谣的描绘内容，其后《诗经》《楚辞》《汉乐府》《古诗十九首》等先秦两汉的文学作品对竹和竹制器物均有大量描绘，但竹或竹制器物仅只是意境的一个构成要件，尚未成为中心意象。至南朝时期，伴随着山水诗的出现，以竹为中心意象的咏竹文学诞生了，其代表就是谢朓的《秋竹曲》和《咏竹诗》。此后，历代文人墨客对竹吟咏不断，创造出大量咏竹文学作品。《绿竹神气》专著中收集有关"竹"的诗词文赋至清代，有万首之多。竹之挺拔、常青不凋之色以及竹的摇曳之声和清疏之影，尽入诗怀，并借以象征与表现虚心、高洁、耿直、坚贞、思念等情志和思想，构成情志依附于竹意象、情志贯注于竹意象、情志超越于竹意象几种文学符号类型，显示出清新淡雅、幽静柔美的审美特征。

竹林七贤

（四）竹精神

　　在我国源远流长的文化史上，松、竹、梅被誉为"岁寒三友"，而梅、兰、竹、菊被称为"四君子"，竹子均并列其中，可见竹子在我国人民心中占有重要地位。中国文人士大夫以竹为君，看重竹的本固、性直、心空、节贞的品格，与古代贤哲"非淡泊无以明志，非宁静无以致远"的情操相契合，比竹为贤人君子。《礼记·祀器》中说："其在人也，如竹箭之有筠也，如松柏之有心也，二者居天下之大端矣，故贯四时而不改柯易叶。"这里将竹人格化，并引入了社会伦理范畴。《诗经·卫风·淇奥》中说"瞻彼淇奥，绿竹猗猗，有匪君子，如切如磋，如琢如磨"，赋予了竹以人的精神道德和情操。

　　古代不少文人名士远离人欲横流的红尘凡间，隐居深山僻壤，满野竹

竹溪六逸

林成为了理想的解脱之地。他们以竹为伴，视竹为友，追求超脱凡俗、无拘无束的精神生活。魏末晋初的七位名士（嵇康、阮籍、山涛、向秀、刘伶、王戎及阮咸），他们豪放不羁、不拘礼法、清静无为，常聚在当时的山阳县（今河南修武一带）竹林之下，酣歌纵酒。他们大都"弃经典而尚老庄，蔑礼法而崇放达"，被称为"竹林七贤"。唐开元二十五年，李白与山东名士孔巢父、韩准、裴政、张叔明、陶沔在徂徕山竹溪隐居，时号"竹溪六逸"。他们对酒当歌，啸傲泉石，举杯邀月，诗思骀荡。李白在《送韩准裴政孔巢父还山》一诗中曾有"昨宵梦里还，云弄竹溪月"之句。六逸同隐的竹溪，位于徂徕山西南麓的乳山脚下，这里峰峦突起，竹岩上可见金人安升卿所书"竹溪佳境"四个大字。国画大师张大千先生也有代表作《竹溪六逸》。

风景线

文人们托身浪迹于广袤的竹林，朝夕沐浴在修竹篁韵之中。枝疏叶柔、清丽俊秀典雅的婵娟风姿，挺拔凌云、坚贞不阿、刚直有节的操守和特质，令风流名士如痴如醉，沉溺其中。赋竹、吟竹、赞竹、为竹作谱，成了文人墨客的时尚。王徽之仰天高吟"不可一日无此君也"，晋代王羲之在兰亭修禊，称"此地有崇山峻岭，茂林修竹"，陶渊明在《桃花源记》中以神来之笔描绘出"良田美池桑竹之属"的壮景。

历代的士人君子之所以醉心于林，流连忘返，并非仅仅为了逃避现实社会，而是为了寻找一种精神寄托。枝叶柔柔，凤尾森森，龙吟细细，清秀俊逸的修竹之美不知令多少丹青大师为之挥毫泼墨。唐宋以来，以竹为题材的画竹名家辈出。北宋文同、苏轼等人开始大量画竹，完善了画竹艺术。清朝涌现出倾毕生精力于竹的画家——郑燮，他不仅留给我们大量写竹画，而且在画竹艺术上多有创新、理论上颇多总结。从正直、高洁、孤傲、坚贞、抗争到直爽达观、体恤民情等，画家们都借画竹得以象征与表现，并构成别具一格的简淡逸远的绘画风格。爱竹咏竹画竹，实则是爱人咏人画人。苏东坡的"萧然风雪意了，可折不可辱"，郑板桥的"乌纱掷去不为官，囊橐萧萧两袖寒，写取一枝清秀竹，秋风江上作钓渔竿"，这里以诗言志，借竹的形象抒发自己不媚权贵、恪守淡泊正直的人格和情操。"未出土时便有节，及凌云处尚虚心。"竹还成为中国人虚怀有节、顽强不屈高贵品格的象征。竹，那"依依君子德，无处不相宜"的风采和品质成了高尚人格的化身和楷模。竹人格符号以其特有的包容性，意指着中国传统人格的整个结构和系统。竹精神可概况为"劲韧谦和"，即劲节、坚韧、谦逊、和谐。

《兰亭序》节选

第三节
川竹神韵

中国竹之底蕴深厚，而川竹在全国的地位可以说是独一无二的。

四川是大熊猫的故乡，大熊猫的发现，已表明竹在四川的古老分布，川竹与大熊猫结下了历久弥新的不解之缘。

四川具有得天独厚的自然地理优势，历史悠久，文化底蕴深厚。四川盛产竹，西蜀原古先民就与竹相伴，千百年来，川人爱竹植竹用竹，衣食住行诸多都跟竹子有关，在巴蜀大地造就了一个个绿意盎然的竹海、生机勃勃的竹乡。

川竹融入川人生活的方方面面，衣之有竹，食之有竹，写之有竹，书之有竹，用之有竹，娱之有竹……浸润在竹林之中的四川，这些似乎与竹有着天然的契合。

川竹神韵在四川得到了淋漓尽致的体现。

一、川竹历史底蕴

西蜀先民与竹林共存历史悠久。

在四川资阳市出土的"资阳人"头骨化石及竹鼠化石距今约5万至2.5万年。早在5000多年前新石器时代，四川的先民便开始用竹的历史。

公元前251年，世界上第一个农田水利灌溉工程——都江堰水利工程，就充分利用附近盛产的大竹制作竹笼、打桩护滩等，采用竹笼填石法以截流分水，成就了成都平原物产丰富、人杰地灵"天府之国"的美誉。

竹笼石法

发源于古蜀文明时期的西蜀园林——川西林盘，延续至今已有几千年历史，有着深厚的文化内涵。"江深竹静两三家，多事红花映白花""我昔游锦城，结庐锦水边。有竹一顷余，乔木上参天"……成都的幽静和惬意，时常出现在杜甫的诗句里。字里行间，杜甫不仅写下了对成都生活的热爱和怀念，也道出了他对川西林盘的喜爱。

东汉初，大巴山先民就用竹"笕"制作输送盐卤的管道，东汉制盐画像砖上描绘的蜀人治盐场景，不仅反映了秦汉时代四川人民的生活，还从侧面反映了蜀地当年的富庶太平，更"秀"出了早期蜀人在能源利用方面取得的灿烂成就。此后，2000多前，素有"盐都"之称的乐山五通桥，"架影高低筒络绎，车声辘轳井相连""日落昏黄万灶烟"……而在自贡燊海井，汉代时人们就习惯用竹缆绳打出深度达1600米的盐井。

川西林盘

四川自贡井盐生产有两千多年历史，大车，亦称"盘篾绞车""地车"，木制。分轴心、车盘、刹车、车架四个部分。结构合理，转动灵活，牵引力大，可调控速度，用以凿井、修治井和井下提升盐卤。

四川夹江纸或贡川纸久负盛名，与江西官堆纸、浙江毛边纸、湖南浏阳纸以及江西、福建的连史纸等齐名。

竹子造纸有1700多年历史，竹子作为造纸原料始于晋还是宋，尚有不同的看法。南北朝书法家萧子良的一封信中曾说"张茂作箔纸……取其流利，便于行书"，据考据，所谓箔纸即嫩竹纸，张茂是东晋人，看来用竹子造纸可能是初始于晋，但用量很少。宋代竹纸发展很快，市场上十之七八是竹纸。就产区而言，有四川、浙江、江西、福建、广东、湖南、湖北等，最盛之地当推四川、浙江。

四川夹江手工造纸术已有上千年的历史，据考证，夹江的"竹料手工造纸"最早可以追溯到唐朝中期，到了宋代飞速发展，明清时达到最兴盛时期，该县的纸产量占到了全国的30%以上。清代康熙皇帝还将夹江纸定为"文闱卷纸"和"宫廷用纸"，使夹江纸声名鹊起，每年都要送往京城作为科举考试和皇宫御用。同时，全国各地的商人云集夹江，争相采购夹江纸品。

自贡井盐古法生产

明朝时候有个科学家叫宋应星，他写了一部《天工开物》，里面就讲到造竹纸的方法。目前，在夹江，有四五家作坊还能够依照中国传统工序的15个环节、72道工序造纸，成为中国古法造纸术硕果仅存的"绝版"。2006年夹江竹纸制作技艺就被列入了国家首批非物质文化遗产名录。

清代中叶，瓷胎竹编成为独具地方特色的手工艺品，青神县、江安县、崇州市等地被誉为"竹编之乡"。四川有最著名的四大竹子工艺：一是起源于清代中叶的成都瓷胎竹编；第二是崇州的道明竹编；三就是四川青神竹编；四是江安竹簧竹筷工艺。

1.沤竹　　2.蒸煮　　3.抄纸　　4.焙纸

古法竹浆造纸的制作过程

二、川竹文化韵味

千百年来，川人爱竹植竹用竹，竹的神韵、竹的精神、竹的价值都在四川得到了淋漓尽致的体现。从生活中的竹席、竹篱、竹筷到生产中的竹筐、竹篮、竹筏再到装点生活的竹雕、竹画、竹编，可谓"衣之有竹布，食之有竹笋，写之有竹管，书之有竹纸"。可以说，竹文化滋养了四川人的性情，已经成为四川最具代表性的文化符号之一。

（一）"竹"够美味——令人垂涎的特色竹美食

北宋大诗人、大书法家黄庭坚谪居宜宾时，创作了有名的《苦笋赋》，现藏于我国台北故宫博物院。其词曰："僰道苦笋，冠冕两川……"，给予宜宾竹笋极高评价。

"竹笋才生黄犊角，蕨芽初长小儿拳。试寻野菜炊香饭，便是江南二月天。"

笋，是四川人餐桌上常见的山珍，在以"一菜一格，百菜百味"著称的川菜体系中，笋的运用几乎无处不在：油焖春笋、干煸冬笋、腊肉炒笋、竹笋炒肉、酸辣笋丁、竹笋炖排骨……就连家家都有的泡菜坛子里也少不了脆嫩笋子的身影。

如果说竹笋是寻常百姓家餐桌上的寻常之物，那么长裙竹荪就是不可多得的珍馐了。在以竹闻名的宜宾蜀南竹海，当地人多以"竹海

宜宾长宁竹笋素以原生态无污染、肉厚、嫩脆、鲜美可口、富含纤维质而深受消费者喜爱

人"自居，而长裙竹荪就是他们待客的山珍。被誉为"雪裙仙子""菌中皇后"的长裙竹荪营养丰富、滋味鲜美，自古就被列为"草八珍"之一。

在竹海，竹子全身都是宝。用竹子做的美食更是琳琅满目：用竹枝、竹叶熏制的竹海腊肉、竹海香肠；用笋壳包裹的富油黄粑；用竹筒做的竹筒笋烧白、竹筒豆花、竹筒黄酒……

"熊猫大餐"全竹宴是竹海最负盛名的美食，被誉为"北有满汉全席，南有全竹宴"。

其实，在四川，关于竹的美味远不止这些，春风十里，不如吃"竹"。

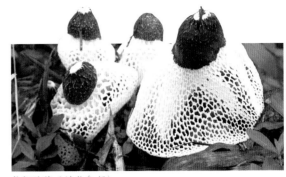

长裙竹荪（刘龙泉 摄）

宜宾全竹宴 （刘龙泉 摄）

竹燕窝——竹荪（刘龙泉 摄）

竹美味佳肴

（二）"竹"够精彩——使人惊艳的绝美竹风光

竹林景观是以竹文化为主题，以竹子为主要材料，为了满足人们生产生活的需要而有意识地创造出来的景象，是通过物化的形式来展现其丰富精神内涵的植物造景形式。随着我国竹产业的快速发展，竹文化旅游、竹生态旅游康养的兴起，观赏竹景观在城乡生态建设中得到越来越广泛的应用。

竹林景观是一种特殊的景观资源，由竹的自然景观和竹的人文景观构成。竹的自然景观主要包括风景竹林景观、专类竹园景观、庭园竹景观和盆景竹景观；竹的人文景观主要由竹建筑景观、竹制器具、竹工艺品、竹食品、竹民俗和竹文化博览等组成。竹林景观是建设美丽乡村靓丽风景线的重要内容。

1. 风景名胜区竹林景观

提到"四川""竹子"这两个关键词，大部分人脑海都浮现出这一幕：

竹林深深，一根根轻盈细巧的竹子，组成细细密密的竹林，清风拂过，绿涛万顷，壮阔如海。

蜀南竹海——翠竹万顷（张华 摄）

四川长宁竹海国家级自然保护区景观

　　最著名的是四川宜宾蜀南竹海风景区的竹林景观。楠竹林面积达45平方公里，成片楠竹林7万多亩，五百多座山的竹林连成一片，横观似条条绿色游龙，纵看像层层绿波，气势之壮观，景观之奇特，国内外罕见，是世界上集中面积最大的天然竹林景区，是国家级重点风景名胜区。

　　四川长宁竹海国家级自然保护区是2003年经国务院批准建立的，是中国唯一以竹类生态系统为主的国家级自然保护区、世界最大的竹种基因库。保护区面积为287.19平方公里，区内分布有丛生竹、散生竹、混生竹种，特别是在海拔1300多米的原始丛林中，还有刺方竹、筇竹、刺竹等古老竹种，形成低山丘陵纯竹林生态系统、低山常绿阔叶林针叶林竹林生态系统和亚高山落叶阔叶林针叶林竹林生态系统，以及石海竹林生态系统、竹林水域生态系统等。

　　而同样位于宜宾市长宁县的西部竹石林景区以苦竹、毛竹为主，犹如一个巨大的盆景花园，竹林、石林、深洞、瀑布为一体，山水相依，林石相伴，其美丽景色与300年前郑板桥描绘竹石相融的诗句不谋而合，"竹是新栽石旧栽，竹含苍翠石含苔。"

　　此外，还有以楠竹为主泸州大旺竹海、达州大竹竹海等，以慈竹为主的竹海有沐川竹海，以及雅安西蜀熊猫竹海，还有成都邛崃市"川西竹海"美誉的芦沟竹海是离成都市区最近的竹海，等等。

　　大旺竹海景区荣获四川省首个"中国森林养生基地"称号。"川西竹海"美誉的沐川竹海，得天独厚的地理环境，孕育了沐川竹海独一无二的好生态，整个竹海就是一个天然的大氧吧。2017年，沐川被评为"四川省乡村旅游强县"。

沐川竹海永兴湖

竹宜宾长宁竹石林

2. 森林公园竹林景观

　　主要有乐山沐川国家森林公园、达州大竹五峰山国家森林公园、宜宾连天山省级森林公园、宣汉峨城竹海省级森林公园、眉山青神尖山竹林公园等，此外，大面积的竹林基地也是优美的竹林景观。

眉山青神尖山竹林公园

宣汉峨城竹海省级森林公园

3. 专类竹园景观

专类竹园是用竹类植物作专题布置,在色、品种、秆形、大小上加以选择相配,取得良好的观赏效果。主要有竹类公园和竹类植物园的竹林景观。

一是供游人观赏的以竹景取胜的竹类公园。成都的望江楼公园、眉山的东坡竹园等是其中的代表。成都望江楼公园就是以竹景和竹种取胜的竹类公园,面积约13.3公顷,是国内最大的竹类公园。园中种植了各种竹类140余种,形成了夹景萧萧、幽篁如海的园景特色。四川眉山"竹湿地公园"融合"竹、水、文"三大元素,湿地景观绿化以竹类植物为主,同时搭配栽植部分乔、灌、花、草等相结合的多层次植物群落。竹类植物除了选用乡土竹类,还引进国内外具有观赏价值的竹类,分为观叶、观秆、观形三大类,共计36种骨干品种,400余种竹类。

二是主要以满足科研、教学需要的竹类植物园。宜宾长宁"世纪竹园"收集竹类植物427余种,占地面积200余公顷,是世界上最大的竹类植物园,竹生态与竹文化的完美结合,集旅游观光、休闲度假、科研科普于一体。

江安长江竹岛以竹文化为载体,结合不同特性品种的竹子营造不同的空间感受、景观外貌、文化气氛,栽植竹类植物400余种,包含宜宾本地常见的楠竹、水竹、撑绿竹等,还有来自缅甸的巨龙竹、非洲的酒竹、日本的红竹等珍稀品种。

成都望江楼公园 (肖延章摄)

4. 庭园竹景观

竹子造景同步于中国古典园林的发端，汉代用于早期园林的"囿"和"苑"，魏晋六朝时期广泛用于造景，唐宋时期竹子造景进入大发展和全盛时期，是在园林中再现自然的竹景观，明清时期竹子造景趋于成熟，体现了"雅"的风格。

庭园竹景观是竹景观资源的主要组成部分。竹将天然景色、诗情画意融为一体，在庭院布局、庭院空间、建筑空间的处理上有着显著的观赏效果，易形成优美雅静的景观，使人产生赏心悦目之感。

1）竹园景观

同一竹种同植在一个地块上形成的竹园景观，这种情况较为多见。川西竹林盘景观、成都杜甫草堂的竹园景观等，都是极受游人称赏的竹园景观。山区的农村宅前屋后都有一至数亩不等的竹园，主要用作防风、护宅、采笋、材用竹，这是一种具田园特色的竹园景观。目前，在四川竹区，结合竹林景观、绿化、美化人居环境、生态环境，建设竹林人家、竹林小镇等。

川西林盘这种传统生态聚落，是世界上稀有的乡愁文化的载体，具有重要的生态价值、经济价值和文化价值。以西蜀园林为代表，其中以成都平原为中心，受地理环境、政治文化等影响，孕育发展成为以祠宇园林、衙署园林、寺观园林为主，宅院园林、陵寝园林为辅的地域园林，形成四川特色的川西林盘。

川西林盘

从空中俯瞰，竹里建筑的外形类似"无限（∞）"这个符号（孙琳 摄）

纳溪区荣获"中国特色竹乡"称号

位于四川崇州市的道明竹艺村，是一座充满着艺术气息的传统村落，也是一处"户庭无尘杂，虚室有余闲"的川西林盘。

在竹艺村，艺术家、设计师、手工艺人、传统文化爱好者与荷锄拷篮的农夫村妇、咿呀学语的乡童村娃自然相处，并将原来略显凋敝的传统竹乡，变成了充满艺术气息的文创村落。如今，在道明竹艺村，一场关于美好生活、美丽乡村建设的艺术实践正在悄然发生，"竹旅融合""农旅结合"驱动乡村振兴之美。

此外，泸州纳溪区挖掘竹文化，发展乡村旅游，同时大力推进特色集镇、特色景区、幸福美丽新村建设，展现田园生态之美、现代农业和绿色产业之美，荣获"中国特色竹乡"称号；白节镇以建设"中国第一竹镇"为目标，积极打造乡村振兴示范样板，成功入选"四川省首批特色小镇"；等等。

2）竹径景观

在园路两侧种植大量竹子，形成了夹道皆竹的竹径景观，产生了"竹径通幽"的效果。如著名的四川成都武侯祠的红墙竹径，蜀南竹海翠竹长廊，长宁竹生态隧道等。

成都武侯祠的红墙竹径

蜀南竹海翠竹长廊

还有在产竹山区，沿道路、河流等栽植竹林景观，形成竹林景观长廊；如宜宾"宜长兴"百里翠竹长廊、泸州"纳叙古"百里翠竹长廊等。

"纳叙古"百里翠竹长廊（叙永段）

"宜长兴"百里翠竹长廊

3）其他竹景观

种竹于窗前、院中、角隅、路旁、池边、溪畔、岩际、树下和坡上，构成竹为配景的局部生态园林景观。

竹桥

房前屋后竹景配置　　　竹亭

都江堰"卧铁"竹文化景观

望江公园竹制"鱼篓"小品

（三）"竹"够有趣——让人心动的奇绝竹工艺

崇尚天人合一的四川人对竹子有着特殊的感情，不仅在房前屋后遍植翠竹，更用竹子制作出了许多或实用或精致的竹制品，这些竹制品也成为四川竹文化中的重要组成部分，而竹编就是四川最具代表性的竹制品之一。

以竹丝为衣，以白瓷为胎，瓷胎竹编成为四川竹编工艺的典型代表

竹编在四川是一门古老的传统手工艺，是用竹丝篾条的纵横交织编织出各种形态的工艺品。在眉山这片人与自然和谐相处的宜居之地，竹的生长可谓欣欣向荣；眉山人自古爱竹，并善于用竹"编织"生活；青神竹编便是眉山在竹产业发展上所培育的特色品牌。

凭借这项精美绝伦的工艺，青神先后荣获"中国竹编之乡""中国特色竹乡"、国际竹藤组织手工艺培训基地、国家竹编制品出口基地等殊荣，青神竹编，也顺利成为国家级非物质文化遗产。

青神竹编

外国友人学竹编　　　　　　　　　　　　　　　　达州竹编

　　如今的眉山青神以其高超的竹编艺术、浓郁的竹编文化、绿色的竹产业，正成为世界竹产业版图上强势崛起的一颗绿色明珠。

　　位于达州渠县的刘氏竹编工艺，在众多的竹编技艺中自成一派，一根根比头发丝还细的竹丝，经工艺大师刘嘉峰巧手编织，很快能做成各种精美的竹编陶瓷工艺品和字画工艺品，以竹丝编织而成的自贡龚扇和邛崃瓷胎竹编等，也都是四川竹编技艺的典型代表。

　　蜀南竹海的竹工艺同样久负盛名，竹海人把竹子加工成建材纸张、雕刻成工艺品，在蜀南竹海景区附近竹海镇滨江路的公路沿线上近百家竹工艺品店形成了"竹工艺品一条街"。

　　竹根雕艺术起源于唐代，兴盛于明代，晚清后逐渐走向衰落。蜀南竹海竹根雕工艺加工起源于20世纪70年代末，一群木匠出身的民间艺人，凭着对自然美独特的敏感，摸索着走上了竹根雕之路。这些独具特色的竹雕、竹簧、竹编工艺品受到广大游客青睐，其中最具代表性的当属江安竹簧。

竹雕 笑弥罗汉（罗辅全摄）

乐开了花（邱正江摄）

竹雕 九龙献珠（罗辅全摄）

竹雕 九龙笔筒
（罗辅全摄）

竹雕 竹姑娘（刘龙泉）

竹簧，又叫翻簧，因天然色泽近似象牙，又有"竹象牙"的美誉。"江安竹簧"是江安竹工艺的总称，距今已有1600余年历史，兴盛于明正德年间，是四川省突出的传统竹雕工艺品之一，也是宜宾市乃至四川省的竹文化显著符号，曾在1915年的巴拿马万国博览会上荣获金奖。2007年，江安竹簧工艺已进入第一批国家级非物质文化遗产扩展项目名录。

海外艺术家将竹雕艺术与当代艺术相互融合

江安竹簧流派纷呈，各领风骚，又以清代刘子卿为首的致和工厂——"致和派系"、以清代周少清为首的玉竹工厂——"玉竹派系"、以清代王绍清为首的"王氏派系"和以现代赖银章为首的"综合派系"等四大流派最为显赫。他们有共同的信仰和习俗，有共同崇拜的祖师偶像——竹公神像，从而构成了江安竹文化——竹工艺长盛不衰的现象。

江安竹簧工艺是江安竹工艺的总称，包括竹簧、竹筷、竹雕、竹根雕、竹编、竹具、竹装修七大类，雕刻内容涉及山水、花鸟、人物以及传统吉祥图案。工艺手法有烟熏皮雕、凹竹镂空雕、浮雕、圆雕等。七大工艺品不仅仅是技艺，更是一种艺术，保留着中国书画的笔墨趣味和韵致。

历经世代相传，今已形成具有独特风格的竹簧工艺美术产品，远销日本、法国、德国、美国、新加坡、泰国、马来西亚及我国港澳地区。

竹簧艺人及工艺品

自贡中和调竹琴戏《盐都壮美图》

（四）"竹"够有韵——隽永秀雅的乐诗文化

竹子可以用来制作乐器，四川竹琴就是其中之一。

四川竹琴是一种古老的汉族戏曲剧种，表演者手持渔鼓、简板说唱故事，因其伴奏的乐器是竹制的渔鼓筒，故又称"渔鼓道琴""道筒"。

而竹琴声声的背后更是四川人质朴的市井生活，是巴蜀大地的自然生态之美和多彩人文之韵。这些洋溢着竹趣、凝聚了竹魂的特色竹工艺品都是天府竹文化的生动体现。

四川竹琴是国家级非物质文化遗产，自贡中和调竹琴，是四川竹琴一个重要分支。以中和调竹琴形式创作的《盐都壮美图》，对家乡千年盐都作了一次深情回顾；以千百年来盐都人民勤劳智慧为底色，以自贡在抗战期间驰名全国的"献金运动"为高潮，歌唱了壮美独特的乡音、乡情和盐都人、曲艺人的精气神。

在文学方面，从《诗经》开始大量咏竹文学作品面世，形成了中国独特的竹文学意向。在四川，宋代蜀学旗手苏轼从小耳闻目染民间祭祀竹郎庙的铜鼓蛮歌，当看到"徘徊竹溪月，空翠摇烟霏"（引自《游净居寺》）的清幽之景时，发出"回首吾家山，岁晚将焉归"的感慨；借咏"解箨新篁不自持，婵娟已有岁寒姿。要看凛凛霜前意，须待秋风粉落时。"（引自《霜筠亭》），显示其耿介旷达的人格形象；在《于潜僧绿筠轩》中表达"可使食无肉，不可居无竹。无肉令人瘦，无竹令人俗。人瘦尚可肥，士俗不可医"的审美情趣；更是提出"胸有成竹"的绘画理论，开辟了以竹、石

为主题的画体，为千古墨竹画家所趋尚。中唐蜀女薛涛名列唐朝四大女诗人之首，常以竹喻己，用"蓊郁新栽四五行，常将劲节负秋霜。为缘春笋钻墙破，不得垂阴覆玉堂。"（引自《竹离亭》）叙写在艰难岁月里顽强抗争的经历。诗圣杜甫在四川浣花溪畔营建草堂，"平生憩息地，必种数竿竹"，以听"竹高鸣翡翠"，观"美花多映竹"，进而"竹林为我啼清昼"。

千百年来中国人用竹种竹的过程中，产生了许多竹民俗文化现象。它是一种特殊的竹人文景观资源，具有旅游观光价值，给中国竹文化增添了多姿多彩的内容。

竹崇拜：崇拜竹是竹区各民族普遍存在的一种文化现象。主要有关于竹的神化传说故事、对竹实行禁忌、用竹作标记和族称、存在着对竹进行祭祀和模仿活动的现象，还视竹为生殖崇拜和祖先崇拜的象征物，留下了许多崇拜竹的习俗。如四川长宁"苦竹寺"。

竹婚俗：中国人把竹视为纯洁、吉祥和多子多福的象征，婚嫁习俗离不开竹。苗、汉、土家族新娘出嫁用竹枝"花树"，等等，为竹文化增添了异彩。

竹节日习俗：端午节游竹龙船、竹孔明灯，彝族人在跳宫节、庆丰节举行敬竹活动等。近年来还出现了旨在弘扬竹文化、发展旅游、促进经贸和开拓市场的竹文化节活动，如四川长宁1991年开始举办竹文化艺术节，2018年眉山"第九届"中国竹文化节，2019年首届中国（宜宾）国际竹产业发展峰会暨竹产品交易会，2019年国际（眉山）竹产业交易博览会等。在竹文化节期间，举行了表现古老和现代竹文化的歌舞表演和竹乐器演奏以及竹诗、竹画、竹制品等竹资源展示活动，进行了竹文化、竹科技成果交流，吸引了国内外游客和宾朋观光游览。

竹林被称为"世界第二大森林"，在四川对大熊猫栖息地生态恢复与生物多样性保护、生态景观廊道建设与栖息地保护具有特殊作用，对大熊猫国家公园生态建设、景观利用发挥重要作用。

竹林生态、竹林康养，为美丽乡村风景线奠定了良好的生态旅游基础，为推进"绿水青山就是金山银山"绿色发展提供科学支撑。

竹·生态康养

第二章

第一节
大熊猫栖息地竹生态

一、栖息地竹林恢复

大熊猫主食竹大都生长于高寒山区原始森林林冠下，栖息地分布较广的竹种如缺苞箭竹、冷箭竹、紫箭竹、拐棍竹和糙花箭竹等，是大熊猫最喜食竹种。这些竹种多为高山竹类植物，属自然竹种中的小径竹，过去几乎处于自生自灭的状态。由于长期适应林下荫蔽的森林环境，因而其生长发育与上层林木关系极为密切，并受上层乔木郁闭度变化的制约。

竹子与一般植物不同，一生只开一次花，而大多数竹子开花后死亡。近几十年来大熊猫栖息地竹子周期性大面积开花枯死，致使大熊猫食物缺乏，出现十分严重的灾情。据统计，这期间大面积箭竹开花枯死，造成野生大熊猫部分老弱病残个体因食物短缺而死亡，对其生存繁衍造成极大的威胁，引起了国内外各界的关注。

四川省林业科学研究院率先开展大熊猫主食竹研究，重点对栖息地竹林生态、开花成因、更新繁殖与复壮、人工营造等进行了深入系统的研究，引起了国内外的广泛重视和科学家的积极参与。

随着我国 20 世纪 90 年代大熊猫栖息地保护工程、天然林资源保护工程以及退耕还林工程等项目的实施，大熊猫主食竹保护和人工营造取得显著成效，栖息地生态得到了明显的改善，为食物基地或受损栖息地的恢复、生物多样性保护、扩大现有栖息地和走廊带的连接提供重要的科技支撑，提高了大熊猫食物的数量与品质。

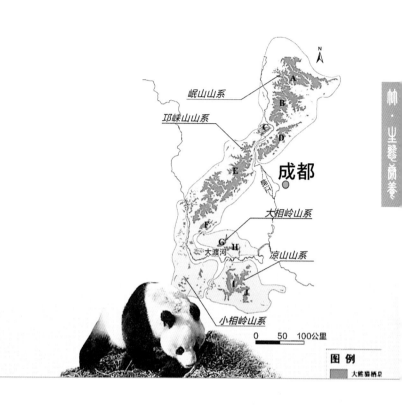

岷山山系
邛崃山系
成都
大相岭山系
大渡河
凉山山系
小相岭山系

0   50   100公里

图例
　　大熊猫栖息

二、栖息地生态景观

　　大熊猫是典型的林栖动物，栖息地生态景观的破碎化与岛屿化现象，对大熊猫种群的生存和繁衍影响重大。同时，社会化进程加快导致大熊猫栖息地景观格局发生改变，对大熊猫种群的生存造成了威胁。

　　大熊猫栖息地景观斑块研究表明，四川盆地向青藏高原过渡地带的亚高山竹类是大熊猫的主要食物资源，通过在一个个相对孤立的大熊猫栖息地之间种植竹林，建立"大熊猫生态走廊"，增强破碎斑块之间的连通性，有效防范栖息地破碎化，是大熊猫保护计划的重点。

　　通过建设大熊猫生态景观廊道，减少大熊猫生境景观分割、分离程度，将不同的栖息地连接起来，以扩大大熊猫活动范围，能促进多个栖息地斑块间大熊猫种群的交流。

三、栖息地保护

根据中国第四次大熊猫调查数据显示，四川大熊猫栖息地面积202.7万公顷，约占全国大熊猫栖息地总面积的78.7%。在现有栖息地外，还有潜在栖息地41万公顷，占全国大熊猫潜在栖息地总面积的45.05%，野生大熊猫数量从20世纪80年代的909只恢复到1387只，增长52.6%。

从1963年建立第一批大熊猫自然保护区，经过50多年的努力，四川大熊猫保护取得了举世瞩目的成绩，实现了大熊猫野外种群数量、栖息地面积、圈养大熊猫种群数量、放归野外大熊猫数量稳定增长。

四川的大熊猫保护经历了初期、高速发展期和新时期三个阶段。

新中国成立至改革开放初期，以建立自然保护区、实施物种保护为主。20世纪50年代，新中国刚成立不久，中央就发布了相关规定，严禁任意采捕大熊猫。60年代，大熊猫又被列入56种禁猎珍稀物种范围。1963年，为保护大熊猫，四川建立包括卧龙等在内的首批5个自然保护区。70年代，依据全国第一次大熊猫调查结果，四川加快在各野生种群分布地建立自然保护区。

1978—2016年是高速发展期，主要保护内容是开展科学研究、确保小种群续存。改革开放带来先进理念、先进技术和资金，四川的大熊猫保护主要集中在强化大熊猫研究和迁地保护、实施重大生态工程和保护大熊猫栖息地、建设基因廊道和野化放归大熊猫三方面。1983年和1987年，四川先后组建中国保护大熊猫研究中心、成都大熊猫繁育研究基地两大科研机构，并在1986年成功实现大熊猫人工繁育。20世纪80年代起，四川先后启动生态移民、绿化荒山等行动，以后又实施天保工程和退耕还林，扭转了大熊猫栖息地退化的趋势。2005年，四川在全国率先开展放归，陆续建成石棉县小相岭、荥经县大相岭两处野化放归基地，持续开展泥巴山、黄土梁、土地岭、拖乌山等大熊猫走廊带建设，提高了大熊猫廊道的连通性。

2017 年年初，中央明确四川牵头启动试点大熊猫国家公园体制，建立以国家公园为主导的保护地体系。目前，四川已初步探索形成了"国家管理局—省管理局—管理分局"三级管理机构体系。

新中国成立 70 多年来，四川在大熊猫分布区建成自然保护区、自然保护小区、地质公园、森林公园、风景名胜区、自然遗产地等 6 类保护地 66 个，超过 70% 的野生大熊猫和 60% 的大熊猫栖息地得以有效保护。

其中，值得一提的是，四川大熊猫栖息地在 2006 年 7 月作为世界自然遗产列入《世界遗产名录》。四川大熊猫栖息地是全球最大最完整的大熊猫栖息地，是全球所有温带区域（除热带雨林以外）中植物最丰富的区域，被保护国际（CI）选定为全球 25 个生物多样性热点地区之一，被世界自然基金会（WWF）确定为全球 200 个生态区之一。

保护区

●卧龙自然保护区：位于四川省阿坝州汶川县境内，成立于 1963 年，主要保护大熊猫及森林生态系统。

●蜂桶寨自然保护区：位于四川省雅安市宝兴县境内，成立于 1975 年，主要保护大熊猫及森林生态系统。

●四姑娘山国家级自然保护区：位于四川省阿坝州小金县境内，成立于 1996 年，主要保护野生动物及高山生态系统。

●喇叭河自然保护区：位于四川省雅安市天全县境内。成立于 1963 年，主要保护大熊猫、牛羚等珍稀动物。

●黑水河自然保护区：位于四川省成都市大邑县和雅安市芦山县境内，成立于 1993 年，主要保护大熊猫及森林生态系统。

●金汤—孔玉自然保护区：位于四川省甘孜州康定市境内，成立于 1995 年，主要保护珍稀动物及生态环境。

●草坡自然保护区：位于四川省阿坝州汶川县境内，成立于 2000 年，主要保护大熊猫及生态环境。

风景名胜区

- ●青城山—都江堰风景名胜区：位于成都市都江堰市境内，成立于1982年。
- ●天台山风景名胜区：位于成都市邛崃市境内，成立于1989年。
- ●四姑娘山风景名胜区：位于阿坝州小金县境内，成立于1994年。
- ●西岭雪山风景名胜区：位于成都市大邑县境内，成立于1994年。
- ●鸡冠山—九龙沟风景名胜区：位于成都市崇州市境内，成立于1986年。
- ●夹金山风景名胜区：位于雅安市宝兴县境内，成立于1995年。
- ●米亚罗风景名胜区：位于阿坝州理县境内，成立于1995年。
- ●灵鹫山—大雪峰风景名胜区：位于雅安市芦山县境内，成立于1999年。
- ●二郎山风景名胜区：位于雅安市天全县境内，成立于2000年。

四川大熊猫栖息地由世界第一只大熊猫发现地宝兴县及四川省境内的卧龙自然保护区等7处自然保护区，包括卧龙、四姑娘山、夹金山脉，和青城山—都江堰风景名胜区等9处风景名胜区组成，涵盖成都市、雅安市、阿坝藏族羌族自治州（以下简称"阿坝州"）和甘孜藏族自治州（以下简称"甘孜州"）甘孜共4个市州，面积9245平方公里，地跨成都市所辖的都江堰市、崇州市、邛崃市、大邑县，雅安市所辖的芦山县、天全县、宝兴县，阿坝州所辖的汶川县、小金县、理县，甘孜州所辖的泸定县、康定市等总共12个县或县级市。

"四川大熊猫栖息地"作为世界遗产，可以说是一个"活的博物馆"，有高等植物1万多种，还有大熊猫、金丝猴、羚牛等独有的珍稀物种。此外，美国和英国等国学者很早就开始对邛崃山系的生物进行研究，并到实地搜集有关信息，这里一直是世界知名的生物多样性地区。

第二节
竹林生态康养

四川竹类资源丰富,在全省 21 个市(州)的 183 个县(市、区)中20 个市(州)的 129 个县(市、区)有分布,竹林独特的生态功能、生态价值,在生态建设、环境保护中具有其他植物无法比拟的优势。

竹林除维持生物多样性和生态系统稳定(特别是大熊猫栖息地)外,竹根系发达,有强大的吸收水分和养分的功能,具有很强的固土抗蚀、涵养水源功能;竹竿生长快,伐龄短,具有很强的固碳释氧功能;竹林有强大的滞尘杀菌、吸收污染物、截留转化营养物质的能力;林区环境优美,空气和水质优良,具有生态净化、生态康养功能;竹景作为城乡园林绿化的重要元素,对城乡人居生态环境建设起到重要的绿化、美化作用。

观测设施

　　近20年，四川省林业科学研究院、四川农业大学、中国科学院成都生物研究所等相关单位在竹林的生态方面研究取得一系列成果。2002年，四川省林业科学研究院依托相关课题研究，在四川长宁率先建立了全国第一个竹林生态定位观测体系，出版了国内第一部竹林生态研究专著——《竹林生态学》（费世民，2011）。创新提出了竹林生态系统定位观测技术体系，对竹林生态系统结构与生态过程以及竹林的水文生态、养分、碳汇功能进行系统的定量观测与研究，构建了一整套的观测指标体系，包括林内外自动观测气象站和11个不同类型的标准径流场，对楠竹林（混生）、硬头黄竹林（丛生）、苦竹林（散生）等天然、人工竹林生态系统进行长期定位观测，对林冠穿透水、树干茎流、地表径流、土壤侵蚀等进行系统定位研究，促进了竹林生态、环保、康养功能和价值的研究。

长宁竹林生态定位观测——全国第一个竹林生态系统定位观测体系
（林内外自动观测气象站和11个标准径流场，2002）

一、竹林根系固土抗蚀能力

竹林地下结构是由若干鞭－根系统组成，系统内竹连鞭、鞭生笋、笋长竹、竹养鞭，形成一个有机的整体，竹林土壤中这种根－鞭－竹相连的特点，依靠其强大的根系固定土壤，增加土壤的抗蚀性和渗透性，以及地表枯落物对地表径流的阻碍作用，减弱了土壤侵蚀的发生。

研究发现，在1立方米上层土壤空间中，毛竹林秆基、竹根、竹鞭和鞭根的分布达70%以上的空间，形成一个上密下疏多孔隙的网络状结构，使其具有良好的透水性和持水固土能力，土壤抗蚀性能增强，地表径流减小，流速减缓，侵蚀力减弱，月均地表径流量、径流深仅为杉木的77%，马尾松的35%；径流系数是杉木的80.6%，马尾松的30.6%；输沙量仅为杉木的42.8%，马尾松的23.6%。

与未退耕地相比，梁山慈竹林的平均径流量比耕地减少24.6%，而耕地侵蚀量约是林地的4.7倍，林地降水的泥沙侵蚀平均减少量达到78.56%，以上都很好证明竹林对减少土壤侵蚀的作用巨大。

楠竹根系

退耕竹林有效地提高土壤抗侵蚀能力，且随着退耕年限的延长，土壤抗侵蚀能力增加。不同退耕年限硬头黄竹林土壤抗侵蚀能力的排列顺序为：退耕10年竹林＞非退耕竹林＞退耕5年竹林＞农耕地，分别较农耕地提高68.35%、39.26%和37.77%；而撑绿竹为退耕10年竹林＞非退耕竹林＞退耕5年竹林＞农耕地，分别较农耕地提高44.63%、43.05%和22.67%，均以退耕10年土壤抗侵蚀能力最强。

退耕竹林地10年变化（四川长宁）

二、竹林涵养水源功能

竹林通过林冠层和林下植被层、枯枝落叶层、根系土壤层 3 个作用层次来对降水进行调节分配，具有截持降水、增加降水入渗、改善土壤性质、吸收和阻延地表径流、抑制土壤蒸发、固土护坡等功能，从而发挥有效避免土壤溅蚀、增强土壤抗冲能力、减少土壤养分流失、增加水源涵养等生态效益。

瑶池（邱正江 摄）

（1）竹林截留降水的功能发生在降水与林冠之间，是调节降水分配和水分输入林内的重要过程，降水截留量分为林冠截留量、穿透降雨量以及树干茎流量，使林内的降雨量、降水强度和降雨历时发生变化，从而影响竹林的水文分配格局。

据测定，截留量和截留率从大至小的排序为：苦竹林为 384.3 毫米、31.9%，栎林为 355.5 毫米、29.51%，黄竹林为 280.7 毫米、23.3%，楠竹林为 274.1 毫米，22.75%，杉木林最小，为 254.8 毫米、21.15%。

随着降雨量增加，楠竹林冠截留率呈递减趋势。当雨量级在 5.0 毫米，截留率达 57.5%；雨量级在 5～10 毫米，林冠截留率为 42.8%；雨量级 10 毫米以上，截留率急剧降低至 20% 左右，而后变化趋缓。

退耕竹林树冠平均截留量占竹林水源涵养总量的 39.31%，硬头黄竹林冠截留量排列顺序为退耕 5 年竹林＞退耕 10 年竹林＞非退耕竹林，退耕 5 年竹林截留量最高，可占该地区降雨量的 15.24%。

竹林截留降水功能受树种组成、林分郁闭度、覆盖层、降雨量及降雨强度等多种因素影响，竹林截留降水作用明显高于一般树种，这主要与其林分密度大、郁闭快、层次复杂等特征有关。

（2）竹林枯枝落叶层具有较大的水分截持能力，从而影响到穿透降雨对土壤水分的补充和植物的水分供应，其枯落物对降水的截留与枯落物的现存量和枯落物的持水量有关。

研究发现，经营 3～5 年的竹林枯落物可超过 1 厘米，经营超过 10 年的竹林枯落物一般超过 3～5 厘米，在相近的生长年限，竹林的枯落物量一般大于其他林分，凋落物分解速度同样大于其他林分。

退耕竹林枯落物层水源涵养量方面，硬头黄竹水源涵养量排列顺序为退耕 10 年竹林＞非退耕竹林＞退耕 5 年竹林，撑绿竹水源涵养量的排列顺序为退耕 10 年竹林＞非退耕竹林＞退耕 5 年竹林，两种退耕竹林枯落物储量、最大拦蓄量及有效拦蓄量均随退耕年限的增加而增加。

（3）竹林土壤层是涵养水源最重要的、容量最大的层次，对竹林水源涵养功能起着决定性的作用，土壤层蓄水能力主要决定于土壤的物理性质和土壤自身水分特征，特别是与土壤容重、孔隙状况、土壤入渗性能等密切相关。

研究表明，同层土壤厚度下，竹林土壤容重、土壤总孔隙度、非毛管孔隙度均好于其他林分，土壤的渗透性能最好的是苦竹成林，稳渗率、渗透系数分别为 10.90 毫米／分钟、16.56；接下来依次是苦竹幼林、黄竹、毛竹幼林、毛竹成林、杉木林，栎林最小，其稳渗率、渗透系数分别为 3.03 毫米／分钟、4.67，这说明竹林的渗透性能优于杉木林和栎林，很好地说明了竹林改善土壤理化性质的巨大作用。

坡地楠竹林（四川长宁）

退耕竹林水源涵养总量方面，硬头黄竹为退耕 5 年林最高（487.09 毫米），其次为退耕 10 年林（413.33 毫米），最低为非退耕竹林（403.92 毫米）；而撑绿竹以退耕 5 年林最高，其次为非退耕林，最低为退耕 10 年竹林，其值分别为 461.35 毫米、433.51 毫米和 378.32 毫米。

散生竹疏密多孔的网络状地下结构有很好的透水性和持水固土能力，固土能力为马尾松的 1.5 倍，吸收降水能力为杉木的 1.3 倍，涵养水量比杉木多 30%～45%。

可见，竹林发达的根系结构，使其土壤物理性质较为良好，加上丰富的枯枝落叶层，有效地防止了土壤冲刷和流失，使更多的水分被下渗到土壤中被储存起来，而且竹阔混交林土壤层土壤蓄水能力更强，成为未来水土保持竹林建设的最佳模式。

三、竹林固碳功能

森林系统能够通过植物群落生物积累过程，将大气中的碳固定于植物体和土壤中。竹类植物主要通过直接与间接两种形式固碳，直接固碳是指竹类植物通过光合作用，在竹体内、林下土壤和林下凋落物积累碳元素；间接固碳是指通过工业加工使竹木被砍伐后依然保持了一定存量的碳物质。

经初步估算，目前中国竹林生态系统的碳储量是整个森林生态系统的 4%～5%。在全球森林面积不断下降，而竹林面积却以 3% 的速度增长的背景下，竹林将是一个重要的并且不断增大的碳汇。竹林碳储量呈增加趋势，越到后期增长越快，碳储量也将持续增加。

从不同植物固碳能力来说，竹类植物具有较大的优势。四川长宁毛竹和苦竹本身的有机碳含量偏高，平均为 0.5397 克／克和 0.5734 克／克，在根和鞭中含量

竹林科研示范基地

较低，杆、枝和箨含量较高。毛竹和苦竹体内总的有机碳储量为27.02吨/公顷和23.23吨/公顷，地上部分储量高于地下部分，占到总量的60%左右；毛竹和苦竹每年固定的有机碳量为9.6吨/公顷和10.23吨/公顷，固碳能力大于一般的乔林。

竹林土壤是竹林生态系统中最大的碳库。四川长宁苦竹林土壤层(0~60厘米)碳储量为87.175吨/公顷，占其生态系统中碳总储量的64.19%；毛竹林土壤层碳贮量为204.365吨/公顷，占其生态系统中碳总储量的84.03%。土壤含碳率随土壤深度增加急剧减小，0~60厘米土壤历年固碳量占土壤层碳贮量58.21%，土壤层年固碳量为0.793吨/公顷，相当于同化CO_2达2.906吨/公顷。研究发现，大多数竹林中，土壤层的碳储量是地上植被层的2倍，占竹林生态系统碳储量的2/3。

四、竹林净化转化功能

（一）杀菌功能

空气中散布着大量空气微生物，主要由1200余种细菌和放线菌，以及40000余种真菌组成，其中存在着各种有害的致病菌，严重威胁着人类身体健康。植物能够通过释放挥发性有机复合物（VOCs），如萜烯类、醚、醛、酮等物质，起到抑菌、杀菌的作用。

研究表明，毛竹林VOCs的四季动态监测发现，总挥发物浓度夏季最高，冬季最低，均具有多种对人体有益的萜烯类物质；秋季日动态变化研究发现，一天内VOCs有益成分（萜烯类如α-蒎烯、D-柠檬烯、石竹烯等，醛类如癸醛、壬醛等）所占比重为6.3%~38.3%不等；医学研究表明，毛竹林VOCs主要成分

竹林杀菌功能测定

对疾患动物模型生理代谢具有调节作。

对其余多个竹种（苦竹、紫竹、巴山箬竹、巴山木竹、峨眉箬竹等）也开展了VOCs初步研究，发现其竹叶产生VOCs成分的构成不同，与测试季节、时间、地区、采样部位的不同有关，但以烃类、醛类、醇类为主，表现为青香、果香等，具有潜在的缓解疲劳、减少焦躁、镇静等功效，以及抗菌、消炎等生理活性。

空气微生物含量黄皮刚竹林（917.4个／立方米）< 桂花林（1520.3个／立方米）< 杨梅林（1913.5个／立方米）< 樟树林（2988.1个／立方米）；在苦竹、小琴丝竹、凤尾竹、金镶玉竹、黄秆京竹、龟甲竹、绵竹观赏竹林中，小琴丝竹和凤尾竹抑制细菌效果最好，可达50%以上；雷竹、黄金间碧竹、绿槽毛竹、泰竹、罗汉竹、斑竹、唐竹、银丝大眼竹、青丝黄竹、鼓节竹10个种均在夏季对细菌的抑制效果最好，四季平均抑菌率可达60%以上。

（二）滞尘功能

空气颗粒物因不仅本身具有污染性，更是其他污染物的载体而成为国内外诸多城市空气的首要污染物。植物能够通过停着、附着以及黏附3种方式净化空气中的粉尘污染。

研究表明，竹林能够减少空气中50%左右的尘土，其滞尘能力平均为4.0～8.0克／平方米。不同竹种的滞尘量差异显著，灌木状株型的竹种滞尘能力明显强于乔木状株型的竹种；并且不同竹种在不同高度的滞尘效应也有较大差异，黄金间碧玉竹在离地面200厘米处滞尘效果最好，而阔叶箬竹在离地50～150厘米处滞尘能力最强。还有研究发现，单株竹类植物的滞尘能力与其叶面积指数呈显著正相关，生物量和冠层结构等是影响竹类植物群落滞尘效应的重要因素。

（三）吸收有害气体功能

无机化学污染物是当今城市空气污染中分布广泛且危害较大的主要污染物，植物可以通过叶片以及枝条吸收有害气体，经氧化还原反应降解，再积累于体内或排出体外。

研究表明，凤凰竹、凤尾竹、淡竹等对二氧化硫抗性较强，观音竹、花眉竹和霞山泥竹具有较强的吸收二氧化硫能力，佛肚竹和歪脚龙竹能够有效吸收氯化物来净化空气。竹林对于空气中的硫元素与氯元素具有较强的吸收作用，对于二氧化硫与氯气的浓度变化具有指示作用，可以作为硫污染区与氯污染区的绿化植物。

（四）竹林对营养物质的截留转化作用

对四川长宁淯江河流域硬头黄竹林缓冲带的研究，从农田、水文、植被三个方面入手，研究竹林河岸缓冲带对氮磷的截留转化作用。研究表明，不同宽度河岸缓冲带对氮磷营养元素的截留转化效率不同，2 米宽的土壤剖面收集到农田径流输入的氮磷养分总量为 1315.57 毫克，经过 5 米的竹林缓冲带之后输出的氮磷养分总量为 617.61 毫克，经过 10m 的竹林缓冲带之后输出的氮磷养分总量为 282.52 毫克，经过 20 米的竹林缓冲带之后输出的氮磷养分总量为 244.43 毫克，此后在经过 30m 的竹林缓冲带之后输出的氮磷养分总量为 225.76 毫克，与 10 米宽的氮磷输出量变化已经不大。5 米、10 米、20 米、30 米、40 米缓冲带对氮磷总量的截留效率分别为 53%、79%、81%、83%、85%。由此可知，10～20 米之间的竹林河岸缓冲带便可以有效地截留氮磷养分向河流的输入。

五、竹林康养功能

（一）竹林小气候及人体舒适度

森林小气候是指在森林植被影响下形成的特殊小气候，是森林中水、

气、热等各种气象要素综合作用的结果，人体舒适度则是以人体与近地大气之间的热交换原理为基础，是评价人类在不同气候条件下舒适感的一项生物气候指标。

竹林具有较强的降温增湿能力：夏季时毛竹林比桂花林气温平均低 0.54℃，相对湿度低 4.6%；短穗竹和黄甜竹在夏季的平均日降温可达 3.14℃和 2.91℃，平均日增湿可达 3.50% 和 3.34%；夏季清晨和夜间等低温时段，雷竹林的降温效果相较于杉木林、无患子—槐混交林、乐昌含笑—桂花混交林和银杏—红枫混交林最为显著，而增湿效果差异较小。

毛竹林内外、不同坡向的气象因子差异明显，夏季林内全天均处于"很舒适"等级，但冬季全天处于"极不舒适"或"不舒适"等级；4月、8月的毛竹林最适宜开展户外游憩活动，人体舒适感强。

秋季 08:00～17:00 毛竹林内人体舒适度高于林缘，其他时刻人体舒适度低于林缘，密度较小的毛竹林调节小气候的功能更佳。

采用 THI 温湿度指数评价夏季不同森林类型的人体舒适度，毛竹林的小气候调节功能仅次于杉木林，优于木荷林、马尾松林和空地；雷竹林同样仅次于杉木林，优于无患子—槐混交林、乐昌含笑—豆梨混交林、观赏林和空地。

竹林空气清新洁净

（二）竹林空气洁净度

空气负氧离子，被誉为"空气维生素和生长素"，能改善呼吸系统功能；促进人体内形成维生素及贮存维生素；调节人体神经系统功能，加快新陈代谢，促使血管扩张，改善循环系统功能；使肝、肾、脑等组织的氧化过程加速，提高其功能，对人体健康十分有益。

目前，竹林的负氧离子研究主要集中在国内，研究表明竹类植物具有较强的释放空气负离子功能，竹林与其他林分类型相比具有较高的空气负离子浓度，在城市园林绿地中竹林＞小叶竹柏林＞花卉区＞隆缘桉林＞苗圃、草地＞住宅区，在校园绿地中无患子—槐混交林＞雷竹林＞杉木林＞乐昌含笑—桂花混交林＞观赏林，在森林公园中杨树林＞竹林＞雪松林（春季），在郊野森林中针阔混交林＞阔叶林＞竹林＞针叶林（夏季）。

夏季竹海风景区内毛竹林、苦竹林的空气负氧离子日均浓度可达15206个／立方厘米、16250个／立方厘米，达到《森林环境中空气负离子浓度分级标准》Ⅰ级水平。在城市公园里，夏季佛肚竹林和黄金间碧竹林具有不同的空气负氧离子浓度日变化趋势，日均浓度前者（1050个／立方厘米）显著大于后者（730个／立方厘米）；散生竹林日均空气负氧离子浓度（484.75个／立方厘米）＞丛生竹（398.3个／立方厘米）＞地被竹（357.58个／立方厘米）。

在空气含氧量方面，夏季毛竹林内全天变化范围为20.84%～23.20%，优于常绿阔叶混交林(20%～22.5%)。对不同竹类植物的固碳释氧效应分析发现，苦竹日平均氧气释放量达到35克／平方米，远高于其他竹种，其他释氧能力较强的竹种还有阔叶箬竹、黄槽竹和佛肚竹等。

对比夏、秋两季毛竹林、苦竹林、阔叶林和针叶林内的空气颗粒物浓度，发现不同森林类型之间没有显著差异，均对人体呼吸系统有保护作用。

（三）竹林环境人体康养功效

相比森林康养，竹林康养功效的循证研究才刚刚起步。

国外关于森林对人体保健功能，主要是通过实地试验对比森林环境与城市环境对人体的不同生理心理影响，医学领域的实证探究已经报告了森林对人体心理的潜在益处，包括焦虑、抑郁、情绪障碍、职业倦怠综合征等与生活方式有关的压力以及整体生活质量；同时也发现了森林康养对生理健康的积极影响，包括认知功能免疫功能糖尿病患者血糖水平、高血压、心血管疾病、癌症和疼痛等。

研究结果表明，毛竹林、慈竹林景观的图像刺激对人体生理有积极的影响（趋向平静和放松），且这种影响在不同性别和年龄的人群中表现不一，女性和青年人对环境刺激的敏感度更高；相比于空白对照和城市景观，观看盆栽观赏竹实物更加有益于大学生受试者的放松，持续观赏3分钟即可使血压显著下降，冥想得分显著提高，焦虑评分显著下降。

从竹林的观赏部位来看，"秆部"观赏特征对大学生群体脑电波的影响极显著大于"叶部"，"观秆类"竹景观能带来更多愉悦的赏景体验；从竹林的观赏特征来看，"观色类"竹景观的影响程度大于"观型类"，但差异未达显著水平。相比城市道路景观，观看庭院竹景、建筑竹景和风景竹林图片都能通过对脑电波、脉搏、血压、情绪的调节，改善人的

生理和心理状态，且风景竹林图片的改善作用最大。在毛竹林和城市环境中分别行走 15 分钟，均能使成年人的血压显著降低，但是前者对改善心情、减少焦虑的作用更强（α、β 脑电波显著下降），冥想和注意力得分显著增加。

竹林景观对人体康养作用测定

通过对竹林绿地空间尺度研究发现，青年人群对不同竹林林内空间尺度和活动行为的生理和心理响应不同，步行赏景需要中高尺度的空间范围，静坐赏景则与小尺度的空间范围搭配康养功效更佳。在毛竹林内开展为期 3 天的竹林浴后，与城市地区相比，竹林环境对被试者（青年）的消极情绪（紧张、抑郁、疲劳、慌乱、愤怒）有显著的改善作用，对积极情绪（活力、注意力）有积极的促进作用，同时有助于人体心率和血压的降低，增强免疫功能（NK 细胞数量、穿孔素、颗粒溶素、颗粒酶A、颗粒酶 B 显著增加）。

通过对 90 名健康在校大学生进行了为期 3 天的观赏竹林疗法的实验，对比了城市地区与观赏竹林地区受试者的生理、心理以及免疫系统的变化，并同时对比了不同性别受试者之间的差异，结论如下：

（1）与城市地区相比，观赏竹林地区均能有效地降低受试者收缩压和心率，宜宾蜀南竹海毛竹林对收缩压和心率的降低效果最好，竹林观景阶段比散步阶段降压和降低心率效果较为明显，宜宾蜀南竹海毛竹林对女性收缩压的降低效果较为明显。

(2) 与城市地区相比，观赏竹林地区均能有效地提高受试者血氧饱和度，都江堰竹海洞天雷竹林对受试者血氧饱和度提高效果最好。

(3) 城市环境相比，观赏竹林环境被视为自然的、健康的、美丽的、安静的、舒服的。受试者对于宜宾蜀南竹海毛竹林的认可度较高，对于雅安蜀西竹海慈竹林环境的认可度适中，对于都江堰竹海洞天雷竹林环境的认可度较低。

(4) 与城市地区相比，观赏竹林地区均可以降低受试者心境状态量表中的消极情绪和心境状态量表分值，升高受试者心境状态量表中的积极情绪分值。观赏竹林环境对女性的心态恢复程度高于男性；宜宾蜀南竹海毛竹林可以有效缓解受试者的紧张、抑郁情绪，受试者最放松；雅安蜀西竹海慈竹林有效缓解受试者的愤怒、慌乱情绪，受试者最为愉快。

(5) 与城市地区相比，实验 3 天后，观赏竹林地区对受试者外周血的 NK 细胞数量、穿孔素、颗粒溶素、颗粒酶 A、颗粒酶 B 均有显著的提高。宜宾蜀南竹海毛竹林对男性受试者外周血 NK 细胞数量、NK 细胞活性、颗粒酶 A、颗粒酶 B 的提高显著大于女性受试者。

(6) 与城市地区相比，观赏竹林地区对男性和女性受试者的皮质酮含量均有显著降低。

目前，竹林康养研究涉及竹林类型少，对竹林环境资源、景观资源和文化资源的康养功效认知不全，需要通过林学、景观学、心理学、医学等学科的交叉研究，运用更先进的研究方法和手段，开展不同竹林类型、不同林分结构、不同立地条件下的康养环境因子分布特征与动态变化研究，如小气候、人体舒适度、森林洁净度、竹林 VOCs 的成分与含量等，将有助于全面认识风景竹林环境质量的康养功效，促进竹林康养旅游的发展。

实施乡村振兴战略，是党的十九大作出的重大决策部署，是决胜全面建成小康社会、全面建设社会主义现代化国家的重大历史任务。四川是竹资源大省，竹产业发展优势突出、潜力巨大，将成为乡村振兴的重要途径。

第三章

竹产业·乡村振兴

　　乡村振兴，产业兴旺是重点，生态宜居是关键，乡风文明是保障，治理有效是基础，生活富裕是根本，摆脱贫困是前提。

　　实施乡村振兴战略，要推动乡村产业振兴，推动乡村人才振兴，推动乡村文化振兴，推动乡村生态振兴，推动乡村组织振兴。习近平总书记从战略和全局的高度提出乡村振兴要统筹谋划，科学推进。

　　山区优势在林，林业产业是绿水青山转化为金山银山的重要载体，是资源可再生、规模最大的绿色经济，是涵盖范围广、产业链条长、产品种类多、就业容量大的绿色产业。在为经济社会提供大量林产品、促进经济发展的同时，也为改善农村生态环境、促进农民就业创业、推进农民增收致富、推动生态文明建设奠定了良好的基础。

　　产业振兴、产业兴旺是乡村振兴战略的首要任务。实施乡村振兴战略，赋予新时代林业新的历史使命，重在兴林富民，关键在产业发展。

　　四川是我国竹子主产区之一，是全国竹资源大省和重要的竹产业基地之一。四川竹业发展历史悠久、基础良好，竹产业作为林业产业的重要组成部分，是全省林业的重点产业和特色优势产业。

　　近几年，在建立大熊猫国家公园的基础上，省委省政府及竹区地方政府将竹基地建设、竹产品加工、竹旅游开发以及产品营销体系建设等均纳

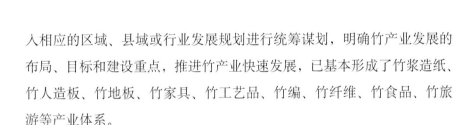

入相应的区域、县域或行业发展规划进行统筹谋划，明确竹产业发展的布局、目标和建设重点，推进竹产业快速发展，已基本形成了竹浆造纸、竹人造板、竹地板、竹家具、竹工艺品、竹编、竹纤维、竹食品、竹旅游等产业体系。

2018年，全省实现竹业总产值462亿元，较2017年增长77.0%；竹业产值达到10亿元以上的县（市、区）15个，较2017年增加5个。宜宾市、泸州市竹业产值超百亿，分别比2017年增长201.8%和82.0%。

2019年，全省实现竹业产值605.9亿元，较2018年增长31.0%；其中竹林培育、竹下种养和竹材（笋）采集等一产业产值120.2亿元，竹材、竹笋及竹下产品加工等二产业产值255.1亿元，竹旅游康养、竹产品储运及销售、技术咨询服务等三产业产值230.6亿元，分别较2018年增长12.9%、29.2%和45.5%。目前，竹产业作为绿水青山转化为金山银山的重要载体，为改善农村生态环境、促进农民就业创业、推进农民增收致富、推动生态文明建设奠定了良好的基础，已成为竹区推动乡村振兴的主要途径之一。

第一节
竹资源培育提质增效——强基础

一、竹资源优势明显，特色鲜明

（一）竹林面积居全国第一，资源相对集中

四川是我国竹子主产区之一、竹资源大省，竹林面积 1802 万亩（不含高山箭竹类 1000 余万亩），约占全省森林面积的 7%，占全国竹林面积的约 17%，居全国第一位；被确定为全国竹产业发展规划重点发展区，作为全国竹产业纸浆竹林基地、笋用竹林基地、材用竹林基地、笋材两用林基地。

2000 年以来，通过实施国家退耕还林重点工程建设，竹林面积由612.4 万亩发展到 2005 年的 1028.8 万亩；通过退耕还林后续产业专项建设和浆用竹林基地建设，到 2010 年，竹林面积达 1453 万亩；通过落实《四川竹产业发展规划》和现代林业重点县建设，2015 年建成集中连片、优质高产的现代竹产业基地 707 万亩，比 2010 年的 441 万亩增加了 266 万亩，增长 60.3%。到 2017 年，竹林面积 1752 万亩（不含高山天然箭竹等，下同），比 2010 年增长 20.6%；2019 年竹林面积达 1802 万亩，由全国第五位跃居全国第一位。近年来，集中项目、资金积极推进低产低效竹林改造提升，应用新品种、新技术新建示范竹林基地，着力推进竹林提质增效，竹林平均亩产竹材 1.5 吨，较 2010 年提高 50% 以上，实现了竹林面积和竹林质量"双提高"，为竹区乡村振兴提供了良好的资源基础。

2019 年，四川竹林资源分布在 20 个市（州）的 132 个县（市、区），相对集中分布在川南地区、盆周西部山区及盆地中部丘陵区，竹林资源万亩以上的达 109 个县；其中面积 20 万亩以上 25 个，50 万亩以上 7 个，100 万亩以上 2 个，叙永县达到 161 万亩。

四川省竹资源面积

（二）竹类型齐全，在全国独具特色和优势

四川是世界竹类植物的起源地和现代分布中心之一，丛生竹、散生竹、混生竹类型齐全，材（浆）用竹、笋用竹、兼用竹类型齐备，丛生竹面积约占 70%，与全国其他竹区省相比，具有鲜明的资源特色与产业优势。

四川竹种资源丰富，有 18 属 160 余种，约占全国竹子属数的 46.0%，种数的 32.0%；主要竹种有慈竹、梁山慈竹、白夹竹、毛竹、硬头黄竹、撑绿竹、水竹、麻竹等，其中，慈竹面积占全省竹林面积的 59.4%。这些竹种资源为竹业发展创造了良好条件。

丛生竹（慈竹、硬头黄竹的主要分布区）

混生竹（苦竹的典型分布区）

現有竹種資源中，紙漿竹林面積 79.36 万公顷，占竹林总面积的 68.32%；笋用竹林面积 17.03 万公顷，占竹林总面积的 14.67%；笋材两用竹林面积 10.35 万公顷，占竹林总面积的 8.91%；其他竹林面积 9.41 万公顷，占竹林总面积的 8.10%。 其中，根据竹种分布的经营可及度，纸浆竹林年可采伐量约 916.45 万吨，笋用竹林年可产鲜笋约 153.85 万吨；笋材两用竹年可产材 3724.21 万根，年产笋约 23.28 万吨。

散生竹（毛竹的西北缘分布区，具典型性）

2019 年主要竹种资源

公顷

属名	种名	面积	用途
箣竹属	慈竹	454504	竹浆、竹编、人造板
牡竹属	绵竹	122695	竹浆、人造板
刚竹属	毛竹	118451	人造板、竹笋、竹家具
箣竹属	硬头黄竹	105853	竹浆、人造板
杂交竹	撑绿竹	60428	竹浆
寒竹属	方竹	58769	竹笋
牡竹属	麻竹	44075	竹笋、人造板
刚竹属	白夹竹	38343	竹笋、竹秆
孝顺竹属	西凤竹	20659	竹浆、竹秆
大明竹属	苦竹	27657	竹笋
刚竹属	雷竹	27707	竹笋
绿竹属	吊丝球竹	443	竹笋、人造板
	其他	118416	
合计		1198000	

二、现代竹产业基地建设加快，提质增效

充分应用新成果、新技术、新装备，加快低产低效竹林复壮改造。重点推广绵竹、楠竹、苦竹、方竹、雷竹、白夹竹、巨黄竹、粉单竹、慈竹等乡土优良竹种，推行竹子与桢楠、香樟、红豆杉等珍稀树种混交种植，将退化竹林修复更新纳入森林质量精准提升工程，建设一批省级现代竹产业示范基地；充分利用林下土地资源和生境优势，积极推进竹下生态种植、养殖、采集等复合经营，完善竹下生态种养标准，推广竹—药、竹—菌、竹—禽、竹—畜等模式，建设一批竹下生态种养基地、"三品一标"竹笋基地。

同时，制定提出了省级现代竹产业示范基地的基本标准：县（区）域内集中连片的竹林面积，山区县达到 2 万亩以上，丘区及平原县达到 1 万亩以上；基地内的道路网络、排灌设施、森保设施、示范标牌等比较完善规范，每万亩竹林的生产道路达到 10 公里以上；基地内全面推行标准化生产、精细化管理，示范推广定向培育、立竹密度调整、测土配方施肥、病虫害生物防治、竹林复壮等技术，机械化采伐（挖笋）产品、竹下生态种养产品无质量安全事故；基地内无面源污染、水源污染和空气污染。

到 2018 年年底，集中连片、集约高效的现代竹产业基地达到 830 万亩，较 2017 年增加 64 万亩，现代竹产业基地占比提高 3.3 个百分点。

长宁县美川林业硐底楠竹基地

合江县竹林基地

永福楠木村方竹笋用林基地

2019 年，建成集中连片、集约高效的现代竹产业基地 891 万亩，较 2018 年增加 61 万亩，现代竹产业基地占比提高到 49.4%。

泸州富顺县麻竹基地　　广安华蓥山白夹竹林基地

宜宾翠屏区思坡胡家村苦竹丰培基地

"纳溪现代竹产业示范区"启动暨示范区揭幕仪式

同时，积极推进现代竹产业示范区建设，2019 年，泸州"纳溪现代竹产业示范区"被命名为第一批"四川省现代林业示范区"，建设期限为 3 年。示范区位于纳溪区白节镇和新乐镇，主要涉及白节镇高峰村、回虎村、赵坪村和新乐镇大河村。

纳溪区竹产业示范区全景

　　在纳溪现代竹产业示范区建设的基础上，泸州市计划建设 9 个省级现代竹产业示范基地，带动全市竹林基地提质增效。这 9 个省级现代竹产业示范基地包括：纳溪区建成白节大旺、打古普照、龙车古楼 3 个省级现代竹产业示范基地，合江县建成法王寺、凤鸣、福宝 3 个省级现代竹产业示范基地，叙永县建成水尾水星、水尾观音阁、江门向坝 3 个省级现代竹产业示范基地。

　　2019 年《关于推进竹产业高质量发展 建设美丽乡村竹林风景线的意见》明确了四川竹产业高质量发展的"路线图"。到 2022 年，全省竹林面积稳定在 1800 万亩以上，现代竹产业基地突破 1000 万亩。

第二节
竹加工转型升级——增动力

多年来，四川竹产区通过对竹材、竹笋加工企业的引进、培育，初步形成了以竹浆造纸、竹人造板、竹家具、竹编、竹笋加工为主的竹产品加工体系。到 2017 年，全省有规模以上竹产品生产企业 321 家，其中国家和省级龙头企业 22 家，比 2010 年增加 1 倍以上；年产值 500 万元规模以上的企业 102 家，年产值亿元规模以上企业 12 家，分别占规模企业的 31.8%、3.7%。竹浆造纸产能达到 208 万吨、竹人造板产能达到 220 万立方米、竹家具产能达到 700 万件（套）、竹笋加工产能达到 55 万吨，分别比 2010 年增长 11.8%、168.3%、39.7% 和 61.8%；竹扇、竹筷、竹炭产能分别达到 300 万把、1.5 亿双和 2000 吨。

青神竹编驰名海内外，其工艺列入国家级非物质文化遗产名录、中国国家地理标志保护产品；

青神西龙生科创新的"斑布"竹生活纸，被列为中国本色生活用纸第一品牌；

富顺锦明笋竹食品有限公司年产 14 万吨"半坡脆笋"制品，远销日本、韩国、加拿大等国家；

……

竹产品

近年来，竹加工能力快速提升。以竹业主产县为重点，加大招商引资力度，积极推进竹产品加工转化，加快构建"原料—初加工—深加工—产品销售"全产业链，提高资源利用率和附加值。

2018年，竹加工企业562家，其中国家级龙头企业3家、省级龙头企业18家，基本形成了竹片加工、竹笋加工、竹浆造纸、竹人造板、竹工艺品、竹饮料、竹家具、竹炭等加工体系。

2019年，有竹笋、竹材初加工点2000余个，年加工鲜笋44万吨、竹材766万吨；有竹食品精深加工企业83个，年生产竹食品和调味品15.8万吨、竹保健医药产品10吨；有竹浆纸、竹家具、竹编及竹工艺品、竹活性炭、竹人造板、竹原纤维等竹材精深加工企业500家，年生产竹人造板29万立方米、竹家具400万件、竹编及竹工艺品2100万件、竹浆及纸制品200万吨、竹活性炭3万吨、竹地板15万平方米。

宜宾纸业

乐山永丰纸业

全省竹加工利用能力持续增强，竹产品商品化率明显提升，进一步促进了加工带动资源转化利用，为乡村振兴增强了发展动力。

竹编扶贫培训　　　　　　　　　眉山千人竹编技能大赛（肖邡摄）

一、竹浆纸产业——川竹靓丽名片

从 20 世纪 90 年代开始，四川以竹浆生产生活用纸，到 2010 年，全省有竹材制浆企业 117 家，产能 186.62 万吨。2015 年，全省有 7 家能满足国家 5 万吨／年化学制浆产能规模要求，竹材制浆产能为 101.0 万吨。2018 年，竹浆造纸产量达到 108 万吨，保持全国第一。竹浆生活用纸销售市场 40% 在省内，60% 在省外乃至国外。

四川竹浆已通过国际森林管理委员会认证；全国生活用纸品牌前三甲，川企占了前两席；全国本色竹浆生活用纸市场，川企占比超过一半，领跑全国。

2016 年四川竹制浆企业竹制浆能力情况

万吨／年

企业名称	漂白竹浆	本色竹浆
四川永丰浆纸股份有限公司	15	7
泸州永丰浆纸有限责任公司	15	7
四川永丰纸业有限公司	7	3
宜宾纸业股份有限公司	15	5
四川省犍为凤生纸业有限责任公司	10	8
四川环龙新材料有限公司安州基地	0	7
四川环龙新材料有限公司青神基地	0	5
四川天竹竹资源开发有限公司	12	0
四川银鸽竹浆纸业有限公司	0	10
四川福华竹浆纸业有限公司	5	5
夹江汇丰纸业有限公司	0	8
四川省眉山丰华纸业有限公司	0	6
四川水都纸业有限公司	0	5（民俗用纸）
四川省高县华盛纸业有限公司	0	5（牛皮纸）
合计	79	81

四川竹制浆造纸企业主要分布在泸州、宜宾、乐山、雅安、眉山、成都、达州、广安、资阳、内江、自贡、绵阳、遂宁等地。2016 年，全省有竹制浆造纸企业 14 家，年制浆能力 160 万吨，其中漂白竹浆 79 万吨，本色竹浆 81 万吨。

竹浆生活用纸原纸生产企业 80 家，其中年产能 2 万吨以上竹浆生产加工漂白本色生活用纸的企业 21 家。

2016 年竹浆生活用纸原纸生产与加工能力的企业情况（年产能 2 万吨以上）

万吨／年

企业名称	漂白原纸	加工漂白纸	本色原纸	加工本色纸
四川圆周实业有限公司	4	2	3	2
四川环龙新材料有限公司			7	7
沐州禾丰纸业有限公司	4	1	2	1
成都居家生活造纸有限责任公司	6	2		
成都鑫宏纸品厂	6			
四川福华竹浆纸业有限公司	4	1	2	1
四川省犍为凤生纸业有限责任公司	3	1	2	1
四川蜀邦实业有限责任公司	2		3	2
成都绿洲纸业有限公司	5			
夹江汇丰纸业有限公司			4	1
四川省津诚纸业有限公司			4	
成都志豪纸业有限公司			4	
四川友邦纸业有限公司	5	1.5		0.5
犍为三环纸业有限公司			4	
四川省绵阳超兰卫生用品有限公司	3	1.5	1	0.5
崇州市倪氏纸业有限公司			3	3
彭州市大良纸厂	3			
成都市阿尔纸业有限公司			3	3
四川省崇州市上元纸业有限公司	3			
四川万安纸业有限公司	1	1	1	1
芦山兴业纸业有限公司			2	
合计	49	11	45	23

竹浆生活用纸加工企业 250 家，其中加工能力在 2 万吨／年以上的企业 16 家，其余企业竹浆生活用纸加工量都在 2 万吨／年以下。

2016 年竹浆生活用纸加工能力的企业情况（年产能 2 万吨以上）

万吨／年

企业名称	漂白纸	本色纸
四川石化雅诗纸业有限公司		10
四川蓝漂白用品有限公司	2	2
四川兴睿龙实业有限公司	3	1
四川诺邦纸业有限公司	3	1
四川佳益卫生用品有限公司	3	1
成都若禹纸业有限公司	3	1
成都纤姿纸业有限公司	3	1
四川省什邡市望丰青苹果纸业有限公司	2	0.5
成都欣适运纸品有限公司	3	1
成都市苏氏兄弟纸业有限公司	2	2
彭州市阳阳纸业有限公司	2	1
四川迪邦卫生用品有限公司	2	0.5
成都发利纸业有限公司	1.5	0.5
四川翠竹纸业有限公司	1.5	0.5
四川清爽纸业有限公司	1.5	0.5
成都百顺纸业有限公司	1.5	0.5
合计	34	24

目前，永丰纸业、凤生纸业、宜宾纸业、汇丰纸业、雅诗纸业等省内竹浆纸生产企业的"排头兵"，以技术创新为引领，发挥"工匠精神"，推动竹浆纸产业高质量发展。永丰纸业在泸州江门建设竹加工园区，占地 6000 亩，年产 20 万吨竹浆的生产线已建成投产，2018 年产值 2 亿元。四川省还将引进培育 6～10 家竹加工龙头企业，着力延伸生活用纸、竹纤维、印染、包装、物流等产业链。

泸州永丰纸业（泸州江门）

四川宜宾纸业（改扩建后）

宜宾纸业荣誉

眉山斑布竹纸

四川石化雅诗纸业有限公司年生产能力达 15 万吨以上，是中国竹浆本色纸产能最大、规格品种最齐全的生产企业之一；凤生纸业制浆年产能10.5 万吨、生活用纸原纸年产能 6 万吨、分切加工年产能 3 万吨，年销售收入可达 7.5 亿元。

四川省竹浆主要用于生产生活用纸、文化用纸、食品包装原纸、牛皮纸、民俗用纸等，但 80% 的竹浆用于生产生活用纸，生产加工的竹浆生活用纸中，非卷纸和卷纸各占 50%；本色竹浆生活用纸占 40%。竹浆生活用纸销售市场 40% 在省内，60% 在省外和国外，特别是通过电商平台和国家"一带一路"政策的带动，使四川省竹浆生活用纸销往全国各地和世界各地。

二、竹人造板、竹地板——技改升级

2016 年，全省竹胶合板企业 57 家，产能达 144.7 万立方米，其中，井研县华象公司生产的高强度竹质车用板，年销售达 5 万立方米，占有国内车厢板市场 60%。

2018 年，全省仅 7 家竹地板生产企业，产能达 77.8 万立方米，但受市场影响正逐步萎缩。泸州市发挥毛竹资源优势，保持着竹地板生产，而沐川金石型材有限公司受市场影响，已处停产阶段。

华象公司车用板材　　　　　　　　竹地板　　　　　　　　　　竹重组板

三、竹家具、竹工艺品——开拓市场

全省竹地板、竹家具现状统计表

个、万件（套）

市（州）	竹家具		竹工艺品	
	企业数量	产能	企业数量	产能
宜宾市	233	547.3	10	44.1
泸州市	57	39.5	2	93.5
成都市	81	24.6	2	0.1
巴中市	19	29.8		
眉山市	8	23.8	4	7.5
绵阳市	25	20.1	3	7.9
南充市	9	7.5	1	2.0
达州市	13	5.7	3	8.3
遂宁市	6	2.6		
广安市	5	2.4		
自贡市	4	1.6		
德阳市	8	1.2		
内江市	8	0.7		
攀枝花市	1	0.1		
合计	477	706.9	25	163.4

竹家具是四川传统竹业优势，2015 年全省企业数量达 477 家，产能达 706.9 万件套，其中泸州纳溪竹韵贸易有限公司生产的高档竹家具系列远销欧洲；以青神竹编、泸州毕六福伞业为代表的竹工艺产品加工企业 25 家，产能 163.4 万套，其中青神竹编工艺被列为中国国家级非物质文化遗产名录、中国国家地理标志保护产品。2001 年，国际竹藤组织将青神定为"国际竹（藤）组织青神竹手工艺培训基地"。

竹家具

竹雕工艺　　　　竹雕产品　　　　　　　　竹灯饰产品

竹编工艺产品

竹乐器

风景线

竹编工艺产品

四、竹炭、竹纤维制品等加工——创新拓展

目前，泸州市德森炭业有限公司的竹炭产能 1600 吨；雅安市极星生物科技有限公司建设年产 3.2 万吨竹活性炭项目已完成第一期工程建设；宜宾市天竹竹资源开发有限公司纺织竹浆粕纤维 9.5 万吨完成工艺调试；长江造林局宜宾长顺公司新型竹原纤维材料成功投产；泸州市在夯实竹浆纤维优势产业和传承传统竹艺的同时，积极引进我国自主产权且具战略意义的新兴技术——竹缠绕管道项目；眉山竹钢承建世园会百果园。

雅安荥经极星科技竹活性炭生产车间　　　　竹缠绕管道

长江造林局长顺公司新型竹原纤维材料

竹钢材料应用于龙泉山城市森林公园丹
景台"城市之眼"

眉山竹钢承建世园会百果园

纳溪"活之酿"康养竹酒厂区及产品

　　此外，竹药、竹酒等竹饮产品创新开发，纳溪区成功探索的竹屑酿
酒技术获得国家发明专利，"活之酿"康养竹酒供不应求。

小径竹剖竹机　　　　　　　　　重竹生产线（自动进出模具坐标机械手）

竹业机械设备研发创新推进，四川麦笠机械设备有限公司成功开发出了全新一代规模产能重组竹木成套生产线设备，竹材原料端"锯竹＋剖竹＋疏解"自动化、规模产能连续设备进入试制阶段。

五、竹业园区建设——有序推进

按照《四川省现代农业园区建设考评激励方案》和《川竹产业高质量发展工作推进方案》相关要求，宜竹区积极整合资源要素，集中打造一批产业特色鲜明、加工水平高、产业链条完整、生产方式绿色、品牌影响力大、一二三产业融合、辐射带动有力的现代竹业园区（示范区）。到 2019 年，初步建成竹业园区（示范区）8 个，实现产值 145 亿元。

泸州高新林竹产业园区

青神竹编国家级产业园区
（青神国际竹产业展览中心）

第三节
竹文旅康养拓展有力——注活力

　　近年来，四川竹产区积极利用竹林资源优势，探索"竹＋熊猫""竹＋文旅""竹＋康养""竹＋种养"等综合利用模式，促进竹产业链向竹文化、旅游、康养及林下经济等领域延伸，呈现良好的发展态势。青神县以承办第九届中国竹文化节为契机，利用"中国竹编艺术之乡"、"中国特色竹乡"和"竹产品出口基地"的品牌，依托"青神竹编产业园"和"中国首家竹林湿地"，推进一二三产融合、业态创新，着力打造集万竹博览、竹文化展示、竹旅游、竹体验、竹产品营销于一体的国家ＡＡＡＡ级旅游景区，年接待游客50余万人次；纳溪区兴建年产600万袋菌种的乌蒙山大旺菌种厂，成功探索的竹屑酿酒技术获得国家发明专利，"活之酿"康养竹酒供不应求，并建成了中国竹酒博物馆；2016年纳溪区大旺竹海被授予"中国森林康养基地"，加快竹林康养产业发展；长宁县通过建影视基地，开发全竹宴，生产竹工艺品，提升服务能力等措施，2016年接待游客350万人次，实现综合收入50亿元，有力促进了竹文化旅游发展。

国际（眉山）竹产业交易博览会

第九届中国竹文化节开幕式

都江堰春笋采摘节

利州区大石笋用竹采摘节

竹林幽幽（王梅梅 摄）

逐光竹影（魏民 摄）

到 2018 年，全省建成竹林公园 12 个、竹林湿地 2 个、竹林风景区 28 个、竹林康养基地 16 个、竹林小镇 2 个、竹林（艺）人家 63 个，年接待游客 4600 万人次，实现竹旅游收入 117.8 亿元。近年来，围绕竹林风景线建设，按照"竹 + 花""竹 + 树"等模式，结合生态修复、城乡绿化美化、竹业基地培育和旅游景点建设，以江河湖库路等重点区域为重点，开工建设了一批集生态、经济、社会、文化效益为一体的竹林风景线。到 2019 年，建成宜长兴、纳叙古等翠竹长廊（竹林大道）18 条、394 公里，初步建成竹林小镇 10 个、竹林人家 35 户。

通过竹产业链的延伸，涌现出一批新产业和新业态，已成为"调结构、稳增长、促发展"和实现林农增收致富的重要途径，为乡村振兴注入了新活力。

一是推进"竹 + 大熊猫 + 非遗 + 文创"延伸拓展，打造最红 IP，竹、大熊猫与非遗文创完美融合，四川文化符号与手工技艺精妙结合，打造出一张实用的生活名片。

二是开展竹区"全域旅游"。宜宾、泸州、青神等地充分发挥竹资源、文化优势，积极推进"全域旅游"。

文创产品

竹编博物馆

大熊猫与竹

宜宾竹自然景观和人文景观资源丰富，有国家级风景名胜区、中国AAAA级旅游景区、中国最美十大森林——蜀南竹海，是全国最大的翠竹主题景区，景观品质享誉海内外。2017年年底，宜宾市已建成竹生态旅游景区9家，其中AAAA级景区4家（蜀南竹海、僰王山竹海景区、七洞沟景区、西部竹石林景区），AAA级景区3家（常生·山水印象、藕花洲、龙蟠溪），AA级景区2家（苦竹寺、禅海原乡景区），蜀南竹海竹类专题博览馆1家(蜀南竹海博物馆)，连天山森林公园1家(仁和百竹海)。

竹生态文化旅游精品线路基本形成，通往景区的交通条件逐步

成都大熊猫繁育研究基地

长宁竹石森林康养基地

改善，景区接待能力持续提升，景区配套设施逐步完善，景观设施建设进一步加强。竹生态旅游宣传营销得到有效拓展，知名度、美誉度持续增强。依托蜀南竹海为代表的竹旅游景区发展竹生态旅游康养业，全市竹旅游产业呈现总体上升趋势。

特色美食

雅安望鱼慈竹康养林

　　三是发挥竹产区资源优势，"竹＋茶""竹＋菌""竹＋禽"等林下种养模式和竹文旅融合模式成功推广。长宁县、纳溪区是"中国竹子之乡"，大力发展竹林下"竹＋菌"立体经营，总结出"万亩林亿元钱"模式。犍为县、沐川县、长宁县、叙永县、青神县、纳溪区、井研县、富顺县等竹业重点县依托竹林综合利用，一二三产融合发展，竹业产值突破10亿元，农民人均竹业收入超过500元，竹林经营成为竹区农民收入的主要来源，助农增收效果明显。

泸州纳溪高峰村林下木耳基地

长宁竹林下羊肚菌

长宁楠竹林下淡竹

叙州竹林下黑鸡枞菌

长宁开佛镇林下养鸡示范基地

第四节
竹科技创新引领支撑——添动能

　　围绕竹资源培育和加工利用，积极研发新技术、新工艺，制定技术规程和生产标准，推广新成果，为竹产业发展提供了有力支撑。近年来，四川省先后取得竹林科技成果 8 项，其中，国家科技进步二等奖 2 项、省科技进步一等奖 3 项、二等奖 2 项、三等奖 1 项；制定发布了《四川省现代林业产业基地建设标准》《浆用竹林经营作业指导书》《包装清水竹笋》等地方标准；审（认）定吊丝球竹、细叶雷竹、崇州牛尾竹、合江方竹等省级优良品种 17 个；编印了绵竹、苦竹、楠竹等丰产栽培、持续利用实用技术手册，培训竹农近 100 万人次。四川农业大学、四川省林业科学研究院和有关企业获得竹繁殖、竹基板材、竹浆生产、竹编设备等国家发明专利 23 项；建成集非物质文化遗产和国际国内竹工艺技术培训为一体的培训基地 1 个，年培育国内外产业技术工人 1 万人以上；组建以竹编技术研发和教育为主的高等职业技术院校 1 所，年招收大专生约 200 人。2016 年，泸州市成立了 40 多家单位参加的"西部竹产业创新发展联盟"。2018 年，在四川省林业和草原局、四川省科学技术协会的支持下，四川省林学会成立了全省 100 多家单位参加的"四川竹产业创新联盟"，着力在技术研发、生产制造、推广应用、市场开拓等方面开展合作交流。

科研现场

退耕还竹及竹林培育现场会议

全省竹产业科技创新、支撑能力逐步增强，将极大提升竹产业发展质量和效益，为乡村振兴增添发展新动能。

四川省林业科学研究院、四川农业大学、四川省食品发酵工业研究设计院、泸州市林业科学研究院、宜宾市林业科学研究院等及相关企业，先后承担国家科技攻关、科技支撑课题及部省科研课题 20 余项，围绕竹资源培育和加工利用，积极研发新技术、新工艺，制定技术规程和生产标准，推广新成果，为竹产业发展提供了有力支撑。

一、竹资源培育方面

（1）率先开展了大熊猫主食竹研究。针对大熊猫主食竹开花问题，对大熊猫主食竹林生态系统、竹开花成因、竹林更新恢复等进行了深入研究，提出了大熊猫主食竹更新复壮、人工营造等技术体系。

竹林培育示范

（2）系统开展主要经济竹种选育与丰产栽培、高效培育技术研究，围绕竹产业发展，重点开展了竹种种质资源评价与选育、规模化基地营建技术体系、低产低效竹林改造技术、竹林定向培育关键技术等研究与示范，提出了竹林基地定向培育和集约经营技术体系。

竹林培育示范

（3）创新开展了基于机械化的带状采伐技术试验探索。打破竹林经营"异龄培育、龄级择伐"传统理念，突破性研发基于机械化采伐的竹林经营技术，通过试验摸清机械化经营的竹林生长发育规律，探讨竹材利用的可行性，取得突破性进展。

基于机械化经营的带状采伐试验（丛生竹）

基于机械化经营的带状采伐试验（散生竹）

（4）竹类良种或新品种：

• 审（认）定吊丝球竹、细叶雷竹、崇州牛尾竹、合江方竹等省级优良品种 17 个；

• 审定新品种：

川牡竹 1 号（审定编号：川 R−SC−DS−005−2011）；

慈竹 6 号（审定编号：川 R−SC−NA−003−2010）；

绵竹 5 号（审定编号：国 R−SV−DF−006−2011）；

慈竹 4 号 [(川审 2010) 第 23 号]；

天新 6 号（审定编号：川 R−SC−DS−018）；

竹海硬头黄（审定编号：川 R−SC−BR−019−2012）；

巨黄竹（佯黄竹）（审定编号：川 R−WTS−BC−005−2015）等。

(5)科技成果：

• 国家科技进步二等奖：四个南方重要经济林树种良种选育和定向培育关键技术研究及推广，2007；

• 部省科技进步（推广）一等奖：四川丛生竹定向培育技术与产业化示范，2006；四川主要丛生竹定向培育关键技术集成与产业化示范推广，2009；

• 部省科技进步二、三等奖 6 项。

（6）制定发布技术标准：

《苦竹笋用林培育技术规程（LY/T 1769—2008）》《硬头黄竹纸浆林培育技术规程（LY/T 1904—2010）》等行业标准，《四川省现代林业产业基地建设标准》《浆用竹林经营作业指导书》等地方标准。

二、竹林生态与经营方面

针对竹林资源生态利用，开展竹林生态、生态经营、竹农复合经营等相关技术研究。

（1）创新开展了竹林生态研究，阐明竹林生态功能与价值。首次系统建立了散生竹（毛竹）、混生竹（苦竹）、丛生竹（硬头黄竹）等典型类型竹林生态系统定位观测体系，对竹林生态效应进行系统的定量观测与研究，填补了我国竹林生态系统定位研究的空白，丰富了森林生态定位研究内容。

（2）创新提出竹林生态经营技术及管理技术体系。结合竹林风景区建设，更加突出竹林生态功能作用与生物多样性保护，提出竹林生态经营技术；并首次从生态系统管理角度，提出了基于保持生态系统功能的竹林生态经营管理体系，与国际竹藤组织合作编制了《中国竹林生物多样性保护和可持续利用指南》手册，为促进竹林资源培育与可持续利用提供强有力的科技支撑。

（3）创新开展了竹林景观、生态康养研究。重点研究生态游憩竹林林内景观质量评价与分析、竹林保健功能及其生理心理响应、竹林康培养立体复合高值化培育技术等，取得了重要进展。

竹林生态经营示范

竹林可持续经营

三、竹加工方面

主要以企业为主，获得竹浆生产、竹基板材、重组竹材、竹编设备等发明专利 23 项。

（1）相关专利（部分）：

基结构板材（专利号码：CN201020145139.2）

具有复合表层结构的竹板材（专利号码：CN201020145162.1）

一种中空竹炭粘胶纤维及其生产工艺（专利号码：CN201310527796.1）；

色未漂竹纸浆改性制备竹溶解浆的方法（专利号码：CN200910263444.3）；

生产人造纤维用竹浆粕的制造方法（专利号码：CN200610022118.X）；

高强度竹浆制造工艺（专利号码：CN200710050513.3）；

一种竹溶解浆的生产工艺（专利号码：CN201010609329.X）；

仿生重组竹（专利号码：CN200820064070.3）；

天然抗菌竹纤维的生产方法（专利号码：CN200810044889.8）等。

竹重组

竹缠绕管道

竹编

竹产品检测

竹浆造纸

竹地板

竹加工

（2）成立了省竹材林浆纸工程技术研究中心。2011年，四川省竹材林浆纸工程技术研究中心在乐山市沐川县永丰纸业正式挂牌成立。以四川永丰纸业集团为载体，以陕西科技大学、华南理工大学和四川农业大学为主要技术合作单位，通过技术和资金整合，搭建行业平台，推进全省造纸行业走高附加值、高效节能、清洁环保模式和产学研联合路子，提高四川乃至全国竹资源合理利用和竹材林浆纸产业发展水平，同时开发纳米竹纤维、竹炭纤维等高科技产品，做大做强四川竹产业。

四、专著与技术手册

出版《大熊猫主食竹研究》《丛生竹集约培育模式技术》《观赏竹配置与造景》《四川主要竹种造林技术》《竹林生态研究》等专著10部，编印了绵竹、苦竹、楠竹等丰产栽培实用技术手册。

　　为深入贯彻落实习近平总书记关于"竹林道风景线"重要讲话精神，践行"绿水青山就是金山银山"科学发展理念，四川省委、省政府出台《关于推进竹产业高质量发展 建设美丽乡村竹林风景线的意见》，大力推动美丽乡村竹林风景线建设。全省竹区各级政府和部门抓住难得的历史机遇，依托资源优势和发展基础，围绕"一群两区三带"的发展格局，因地制宜，统筹规划，创新建设竹林人家、竹林小镇，发展城镇竹园林，创建翠竹长廊，创建和提升竹林景区等，探索构建"点""线""面"结合、一二三产业融合的美丽乡村竹林风景线建设范式，将风景线建成文旅康养示范线、生态旅游示范线、产业带发展示范线，打造乡村振兴全面高质量发展示范线，建设靓丽四川竹林风景线。

第四章

竹林风景线建设

第一节
竹林风景线建设思路

一、竹林风景线

所谓风景线（sceneryline），实质上是在一定的条件之中，以山水景物，以及某些自然和人文现象所构成的足以引起人们审美与欣赏的狭长景象区域。景物、景感和条件则是构成风景线的三类基本要素。狭义上，风景线指的是供观赏的自然风光、景物，包括自然景观和人文景观。它是一种外在表象上景观的特征，即风景线要有生态美、环境美、形态美、人文美的价值。

2005 年，时任浙江省委书记的习近平同志在安吉竹乡，首次提出了"绿水青山就是金山银山"的重要论述，为竹区绿色发展指明方向，推动了"绿水青山"向"金山银山"转化的革新。

2018 年 2 月，习近平总书记来川视察时指出："四川是产竹大省，要因地制宜发展竹产业，发挥好蜀南竹海等优势，让竹林成为四川美丽乡村的一道风景线。"总书记的指示确立了四川竹产业发展的方向，极大鼓舞和助推了四川省乃至全国竹产业的发展，将竹产业高质量发展再次提升到新的时代高度。

习近平总书记的重要指示精神赋予了"风景线"深刻的时代内涵，科学刻画出了竹子独特的历史文化价值、生态

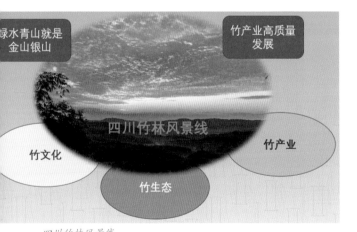

四川竹林风景线

康养价值和产业经济价值,具有高质量发展的内涵特质。

竹林被誉为"世界第二大森林",具有独特的文化、生态、经济等多重功能、多重价值。竹林风景线,不仅要体现竹人文、生态的风景,更要体现竹产业风景,应是充分发挥竹文化、竹生态、竹产业三大价值的风景线。

可以说,竹林风景线,不仅是"绿水青山就是金山银山"具象体现的示范线,更是竹产业高质量发展的风景线。

因此,竹林风景线不仅有表象的特征,更有内涵的特质,既要打造生态美、环境美、形态美、人文美的"点""线""面"竹林风景,又要建设高质量发展的竹产业风景,形成一产优、二产强、三产兴的竹产业体系,绿色生态、优质高效、三产融合的竹生产体系,标准化、集约化、专业化的竹经营体系,全方位、全链条、一站式的竹服务体系。

为贯彻落实习近平总书记关于竹林风景线的重要讲话精神,四川省委、省政府出台《关于推进竹产业高质量发展 建设美丽乡村竹林风景线的意见》,明确了四川竹产业高质量发展建设美丽乡村竹林风景线的"路线图"。

二、竹林风景线总体布局

根据四川省委、省政府《关于推进竹产业高质量发展 建设美丽乡村竹林风景线的意见》,围绕竹产业高质量发展需求,构建以"一群两区三带"为骨架、20个市州竹区同步建设推进的美丽乡村竹林风景线总体布局。

"一群",即川南竹产业集群:以宜宾市、泸州市、乐山市、自贡市的14个县(区)为重点,

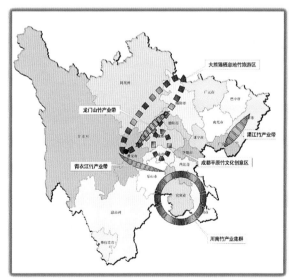

着力打造要素集聚、三产融合、竞争力强的现代竹业发展群，努力建成中国西部竹产业发展高地。

"两区"，即成都平原竹文化创意区和大熊猫栖息地竹旅游区。

成都平原竹文化创意区：以成都市、眉山市的10个县（市、区）为重点，着力打造以竹研发、竹博览、竹会展、竹培训、竹编、竹装饰为特色的国际竹产业文化创意先行区。

大熊猫栖息地竹旅游区：以大熊猫国家公园所涉区域为重点，着力打造以大熊猫食竹景观为特色的原生态竹旅游示范区。

"三带"，即青衣江竹产业带、龙门山竹产业带和渠江竹产业带。

青衣江竹产业带：以雅安市、眉山市、乐山市的8个县（区）为重点，着力打造以竹炭、竹纤维、竹文化旅游为特色的融合发展带。

龙门山竹产业带：以成都市的6个县（市）为重点，着力打造以川西竹林盘、有机竹笋、竹艺制品为特色的高端产业带。

渠江竹产业带：以达州市、广安市的5个县（市、区）为重点，着力打造以高性能竹基纤维复合材料和竹日用品制造业为特色的新兴产业带。

三、竹林风景线建设路线

推动高质量发展竹产业，建设美丽乡村竹林风景线，是贯彻落实习近平总书记对四川工作系列重要指示精神的重要要求，是筑牢长江上游生态屏障的重要举措，是推动全面高质量发展、打赢脱贫攻坚战和实施乡村振兴战略的重要支撑。

因此，为推动竹区全面高质量发展，以"绿水青山就是金山银山"科学理论为指南，牢牢把握乡村振兴战略总抓手，牢牢把握供给侧结构性改革主线，坚持"以人民为中心"的发展思想，坚持问题导向、需求导向、市场导向，坚持重点突破、整体提升，突出创新驱动、示范引领，充分发挥竹历史文化、生态康养、产业经济价值，以"一群两区三带"发展格局为骨架，20个市州竹区同步建设推进，打造"点""线""面"相结合、一二三产业相融合的美丽乡村竹林风景线。

四川竹林风景线	『一群两区三带』为骨架的总体布局	点	以大熊猫公园入口社区、竹林盘、竹林公园、竹林湿地、竹林新村、竹林小镇、竹林人家等为"点"，用"竹"元素，弘扬竹历史文化价值，打造美丽乡村竹林风景，发展竹文旅康养产业，助推竹区乡村振兴
		线	以长江干支流、青衣江、渠江等江河干支流、国省道交通干道、重点景观大道等为"线"，添"竹"风景，体现竹生态景观价值，打造竹生态景观长廊、精品旅游线，推进竹生态旅游产业，加快建设美丽竹区
		面	以竹基地、竹林风景区为"面"，做"竹"文章，深挖竹产业经济价值，打造各类现代竹产业发展示范区、工业园区，做大做强做靓竹产业，发展新业态，延伸产业链，推动竹区竹全面高质量发展

"点""线""面"竹林风景线构建思路：

在全省20个市州竹区范围内，以"一群两区三带"发展格局为骨架，竹区县（市、区）同步建设推进，以竹林盘、竹林公园、竹林湿地、竹林新村、竹林小镇、竹林人家等为"点"，以长江干支流、青衣江、渠江等江河干支流、国省道交通干道、城市重点景观大道等为"线"，以竹基地、竹林风景区为"面"；突出在"点"上用"竹"元素，在"线"

上添"竹"风景,在"面"上做"竹"文章,深度挖掘竹历史文化功能、生态康养功能、产业经济功能,按照乡村振兴战略要求,突出"以生态为基、以文化为魂、以产业为根"的理念,按照竹林风景线建设与林业生态旅游结合、与竹林产业基地结合、与乡村振兴结合、与大熊猫保护及国家公园建设结合的原则,培育高品质竹林小镇和竹林人家、建设高质量翠竹长廊、打造复合型竹林景区和现代竹产业基地,建设现代化竹产业园区,发展竹文旅康养产业、竹生态旅游产业,做大做强做靓竹产业,突出创新驱动,示范引领,发展新业态,延伸价值链,打造"点""线""面"相结合、一二三产业相融合的美丽乡村竹林风景线,将风景线建成竹生态旅游示范线、竹文化康养示范线、竹产业发展示范线,形成乡村振兴全面高质量发展示范线,建设靓丽四川竹林风景线。

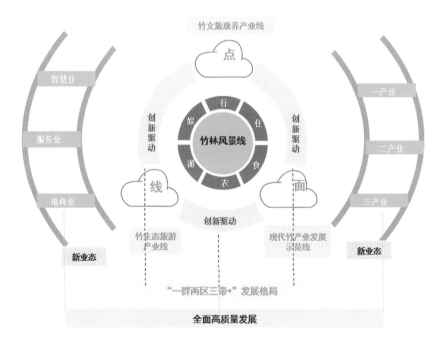

靓丽四川竹林风景线

第二节
竹林风景线建设案例分析

一、"点"上，用"竹"元素

突出以大熊猫公园入口社区、竹林盘、竹林公园、竹林湿地、竹林新村、竹林小镇、竹林人家等为"点"，用"竹"元素，弘扬竹历史文化价值，打造美丽乡村竹林风景，发展竹文旅康养产业，助推竹区乡村振兴。

案例1 "熊猫·竹"风景——绵竹大熊猫国家公园入口社区竹林景观规划

结合绵竹九顶山省级自然保护区生态修复工程和大熊猫国家公园建设，以大熊猫国家公园入口社区为重点，依托大熊猫栖息地竹林景观，打造竹旅游观光生态长廊，建设美丽乡村结合的竹林产业线，大力推动乡村经济发展；拓展与绵竹年画文化、玫瑰文化（玫瑰基地）等地域文化结合的竹旅康养线；弘扬大熊猫文化、竹文化，加快发展生态旅游，推动"大熊猫+竹"产业融合发展。

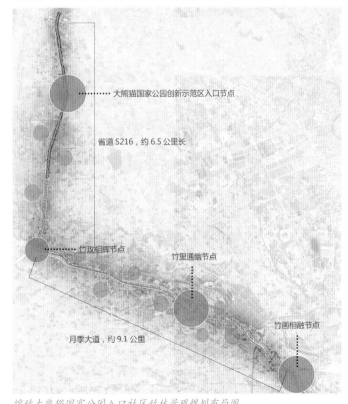

绵竹大熊猫国家公园入口社区竹林景观规划布局图

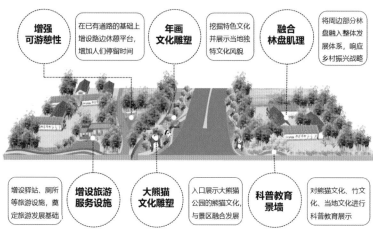

| 增强可游憩性 | 在已有道路的基础上增设路边休憩平台,增加人们停留时间 | 年画文化雕塑 | 挖掘特色文化并展示当地独特文化风貌 | 融合林盘肌理 | 将周边部分林盘融入整体发展体系,响应乡村振兴战略 |

| 增设驿站、厕所等旅游设施,奠定旅游发展基础 | 增设旅游服务设施 | 大熊猫文化雕塑 | 入口展示大熊猫公园的熊猫文化,与景区融合发展 | 科普教育景墙 | 对熊猫文化、竹文化、当地文化进行科普教育展示 |

入口节点模式——"竹林风景线+大熊猫国家公园+绵竹文化"

总体景观结构:

一长廊:由月季大道和省道S216组成,共15.6公里长,以竹林风景长廊为绿化基础,将周边生态肌理、景观肌理进行有机串联。

四节点:以竹画相融节点、竹里通幽节点、竹玫相辉节点以及大熊猫国家公园创新示范区入口节点为核心景观节点。

多组团:与周边的林盘组团相互融合由线到面,线面结合,循序渐进,复合发展。

1.大熊猫国家公园创新示范区入口节点

◆该节点位于大熊猫国家公园入口附近,着重表现大熊猫文化及与竹文化的融合。

◆该节点不仅设置有文化性展示标志,还与该风景区旅游规划相结合,设置有休憩驿站、厕所、停车场等配套服务设施,以更好发挥该节点的入口展示、服务功能。

◆该节点强调其科普教育功能,设置有科普景墙,与试种熊猫竹相结合,生动地向人们展示熊猫知识和竹知识。

入口处景观规划（展示大熊猫文化的同时对人们进行熊猫及熊猫竹相关知识的科普教育）

从竹玫相辉节点与大熊猫国家公园入口处相接，可在此分段上试种大熊猫主食竹及相关新品种竹。

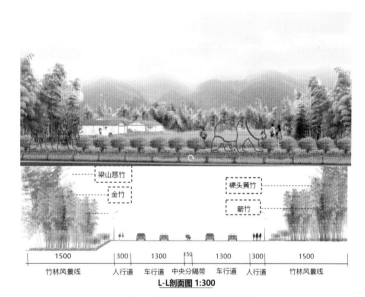

入口至竹玫相辉节点段规划

2. 竹玫绰姿节点

该节点靠近温泉玫瑰园，位于玫瑰大道与S216省道的交界处，着重将玫瑰文化与竹文化有机结合。与周边现有林盘相结合，对部分住户的外环境进行适当改造和提档升级，打造特色竹林庄园。在该节点处形成自然与规则、常绿与彩花相结合的植物群落景观。

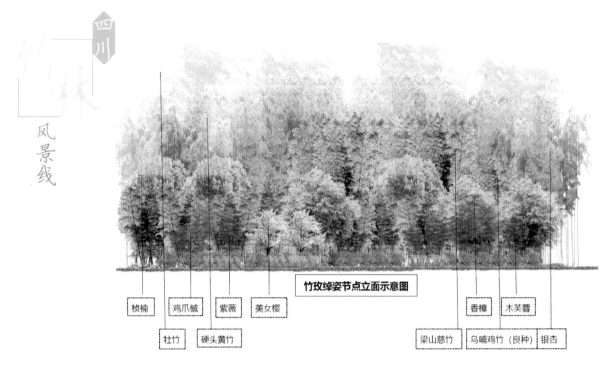

竹玫绰姿节点立面示意图

桢楠　鸡爪槭　紫薇　美女樱　　　　　　香樟　木芙蓉

牡竹　硬头黄竹　　　　　　梁山慈竹　乌哺鸡竹（良种）　银杏

3. 竹里通幽节点

该节点景观打造上主要以当地文化与竹文化为重点。北部区域提供停留休闲服务，西部区域为游客观赏游玩区域，南部区域为竹林游园。

设置竹林小径，以高大竹种为主，营造出幽深意弄、奥旷有致的竹林氛围。

道路节点设置竹亭，尽享竹林静观之美；配合园林景石，塑造特色竹石小品景观。

4. 竹画相融节点

该节点内设置表现年画文化以及熊猫文化的红色景墙，与周边环境形成鲜明对比，给游人强烈的视觉观感。

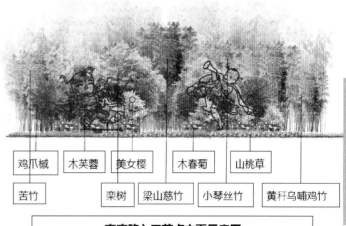

竹韵涌伏段：全长约 4 公里。该段前半段主要采用"地被竹、小型竹、中型竹"的搭配方式，后半段则采用"地被竹、矮型竹、大型竹"的搭配方式，道路旁的竹林高度逐级升高，形成竹林林冠线在视线上的韵律变化，体现竹林景观的平远之感。该段道路路旁多处有特色林盘，该处仅栽植地被竹以形成透视线。

竹林人家：建筑四周种植大小两层竹子，再点缀适当灌木和乔木，形成竹林绕人家的特色景观；建筑四周较为开阔的地方种植观赏竹，形成良好的视觉效果。

鸡爪槭	木芙蓉	美女樱		木春菊		山桃草	
苦竹		栾树	梁山慈竹		小琴丝竹		黄秆乌哺鸡竹

高度路入口节点立面示意图

竹林人家平面图

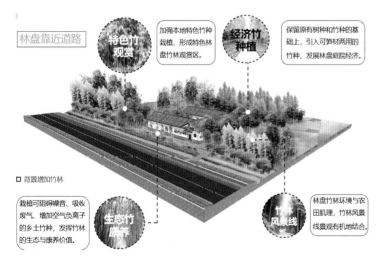

林盘靠近道路

特色竹观赏：加强本地特色竹种栽植，形成特色林盘竹林观赏区。

经济竹种植：保留原有树种和竹种的基础上，引入可笋材两用的竹种，发展林盘庭院经济。

□ 背景增加竹林

生态竹康养：栽植可阻碍噪音、吸收废气、增加空气负离子的乡土竹种，发挥竹林的生态与康养价值。

竹林风景线：林盘竹林环境与农田肌理，竹林风景线景观有机地结合。

规划布置图

竹林景观营造

案例2 川西竹林盘——"岷江水润、茂林修竹"

川西林盘是指成都平原及丘陵地区农家院落和周边高大乔木、竹林、河流及外围耕地等自然环境有机融合，形成的农村居住环境形态。

近年来，成都市积极探索"美丽宜居公园城市"乡村表达的发展路径，支持竹林盘发展竹编艺、竹雕刻、竹制作等体验消费，支持竹林盘发展竹民宿、竹文创、竹展览等农商文旅体融合产业；推动崇州市道明镇竹艺新村、邛崃市平乐镇花楸村、川西竹海竹艺林盘、蒲江县明月村、都江堰市柳街镇七里诗乡等川西竹林盘修复建设；并支持创建竹林小镇，评选竹专业村镇和特色生态旅游示范村。目前，已成功打造了一批各具特色的特色林盘，竹艺村就是其中的一张靓丽名片。

1 竹林风景线　2 林下养殖基地　3 初加工合作社　4 竹材种植基地　5 生态涵养林

林盘模式：将竹林风景线建设适当往周边林盘延伸，两者融合发展，共同构建竹林生态

崇州竹艺村打造的特色竹林盘，已成了名副其实的"网红村"。竹艺村因国家非物质文化遗产——道明竹编得名，作为成都乡村振兴典型示范村，竹艺村是川西林盘与艺术有机结合体，也是农商文旅融合发展的缩影。

竹艺村的地标性建筑由同济大学建筑与城市规划学院量身设计"竹里∞建筑"文化创意展示中心，成为游客的打卡胜地。

"竹里房栊一径深，静悄悄。乱红飞尽绿成阴，有鸣禽。临罢兰亭无一事，自修琴，铜炉袅袅海南沉，洗尘襟。"南宋大诗人陆游的一首词《太平时》，成为设计这座建筑的灵感。"竹里"的设计，最大限度地保留了周围的林盘竹林以及参天大树，形似"无限大∞"；在这里得以体现屋顶的连续回环、互相咬合，正对应着这样的文化概念"∞"字形，又自然围合成了两个内院。

崇州道明镇"竹里"精品酒店

一大一小，一水一林，竹里的血脉里流淌着人文与环保的元素。身处静谧竹林，眼中草庐星布，颇有一番世外桃源的味道。从上往下俯瞰，一个造型独特、颜值超高的"∞"形建筑映入眼帘，充满艺术气息。

竹林深处休闲室

当前，竹艺村采取"天府文化＋设计师联盟＋集体经济组织"模式，大力发展竹文创产业，开发特色竹编产品3000多种，产品远销46个国家和地区。

竹艺展示区

案例 3：竹湿地——青神"中国首家竹林湿地"

  青神县围绕"做大竹海，做精竹艺，做美竹城"的竹编产业发展战略，打造"中国首家竹林湿地"，湿地总体定位以竹林景观为基底、以青神县历史文化为背景、以青神竹编为特色，吸取中国古典园林之精髓，融入川西园林风格，融合"竹、水、文"三大元素，利用自身资源优势，突显独特性，体现名竹博览、竹文化展示和湿地旅游休闲三大功能。

青神县竹林湿地效果图及实景图

　　湿地景观绿化以竹类植物为主，同时搭配栽植部分乔、灌、花、草等相结合的多层次植物群落；竹类植物除了选用乡土竹类，将引进国内外具有观赏价值的竹类，分为观叶、观秆、观形三大类，共计 36 种骨干品种，382 种竹类。

竹林湿地实景图

竹湿地游步道

竹湿地景观

　　植物设计融入"自然生态、休闲赏景、特色功能"等景观设计理念，打造富有竹类特色的生态型城市湿地公园。湿地布局分为入口形象区、田园赏竹区、湿地幽竹区、竹趣游乐区、丛林观赏区、名竹荟萃区、滨河游赏区，以及步行道路、骑行车道、休闲廊亭、坝坝茶社等，园内湖水荡漾，竹叶飘飘，可观湿地风光，静享竹林幽幽；也可畅快锻炼，呼吸清新的空气，尽享运动乐趣。在为广大群众提供环境优美的多功能休闲场所之余，亦成为青神县一张靓丽的生态名片。

　　除了种类繁多的竹子，苏轼的《於潜僧绿筠轩》全文刻于大门景观石铭牌背面；近 50 首咏竹的诗词、名言恰到好处地分布于竹园多处石碑、石板之上，具有浓郁竹文化特色的建筑、雕塑、园林小品……竹林湿地在让休闲的群众享受良好生态环境的同时，充分享受到浓郁的竹文化熏陶。

案例 4：竹林小镇（村）——长宁竹海镇（永江村）

为了深入贯彻习近平总书记来川视察精神，全面落实《中共四川省委 四川省人民政府关于推进竹产业高质量发展 建设美丽竹林风景线的意见》（川委发〔2018〕34 号）和 2019 年省委农村工作会议暨全省农村人居环境整治工作推进大会要求，加快构建生态环境优美、产业集约高效、文旅融合发展的现代竹产业体系，助推乡村振兴和农村人居环境改善。2019 年，启动长宁县竹海镇省级竹林小镇创建工作。

长宁县竹海镇是国家级风景名胜区蜀南竹海的中心城镇和全省首批唯一一个以生态旅游命名的试点镇，被世人誉为"川南碧玉"，远近闻名。

竹海镇地处四川盆地长宁县中部，东起江安县大井镇，西至铜锣乡爱国村，南与龙头镇昆仑村相连，北同长宁镇接壤，镇政府驻地距长宁县城 12 公里。全镇辖 17 个村（社区），3 个社区，156 个村民小组，辖区面积 101.96 平方公里，人口 22958 人（2017 年）。森林面积 115590 亩，森林覆盖率达到 72.0%，绿化覆盖率 46.5%。

竹海镇地势南高北低，大多为浅丘地，四面山形环绕，淯江河贯穿全境，气候温和，雨量充沛，无霜期长，适宜农作物和喜热果树生长。山川秀丽，景色迷人，资源富集，万顷竹波。正在开发中的"世纪竹园"集竹类品种之大成，为世界罕见的原始绿竹公园和独具特色的生态旅游度假胜地。三江湖、三松湖、十里淯江、一匹绸、金潭湾、龙湾山、千年古荔枝、四百年古戏楼等景观传说神奇、风格独特、移步换景、自然天成。"不雨而润"的气候和"不灌而肥"的土地，使该镇盛产粮油、竹、果、茶、鱼、畜禽等，素称"川南鱼米之乡"。竹海酒、竹海茶、竹海腊肉、竹荪、竹笋、竹工艺品、竹地板、竹空腹门等产品畅销海内外，久负盛名。

竹海镇世外桃源景区（邱正江 摄）

竹海镇清江河景观

诗竹长宁，竹创乡村。为深入践行"绿水青山就是金山银山"发展理念，以竹生态建设推动乡村振兴发展，打造竹海镇竹林小镇。2019年5月投资1.2亿元开工改建的淯江国际竹生态发展区永江村示范区，让竹林成为美丽乡村一道风景线。

竹海镇竹海人家

淯江国际竹生态发展区永江村示范区

永江村乡村振兴示范区位于宜宾市长宁县竹海镇永江村，距离长宁县城 20 公里，距离宜宾市区 65 公里。背靠国家风景名胜区——蜀南竹海，毗邻五星级酒店——三江湖世外桃源酒店。根据地理优势，精准功能定位，打造以休闲旅游、观光度假、竹文化休闲、农耕体验为主的独居竹海特色的生态旅游村庄。总体结构分为五区、一园、一风貌提升。

示范区总面积 5000 亩，竹创乡村核心区建设面积 500 亩。项目投资 1.2 亿元，围绕"诗竹长宁，竹创乡村"定位，建设竹生态游客中心、竹产业研究院、心若禅修会馆、竹枝书院、浮生闲精品酒店、生态有机餐厅、稻田咖啡、农耕体验园、健康步道、农房风貌提升等项目。通过示范区打造，建成竹食健康体验地、竹雕文化创意区、竹文创体验培训基地为主的独具竹海特色的生态旅游村庄。

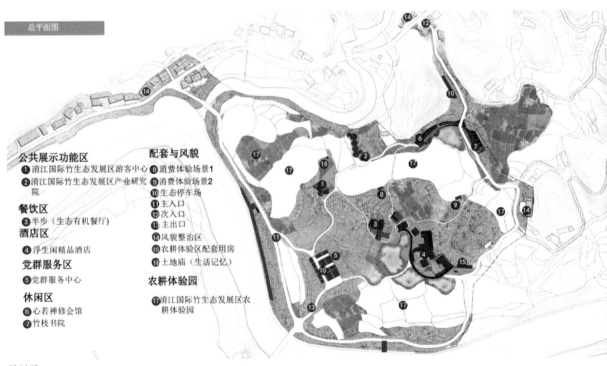

总平面图

公共展示功能区
① 淯江国际竹生态发展区游客中心
② 淯江国际竹生态发展区产业研究院

餐饮区
③ 半步（生态有机餐厅）

酒店区
④ 浮生闲精品酒店

党群服务区
⑤ 党群服务中心

休闲区
⑥ 心若禅修会馆
⑦ 竹枝书院

配套与风貌
⑧ 消费体验场景1
⑨ 消费体验场景2
⑩ 生态停车场
⑪ 主入口
⑫ 次入口
⑬ 主出口
⑭ 风貌整治区
⑮ 农耕体验配套用房
⑯ 土地庙（生活记忆）

农耕体验园
⑰ 淯江国际竹生态发展区农耕体验园

规划图

作为永江村整体展示区，游客中心建筑面积 578 平方米，以长宁特产长裙竹荪为原型倾力打造，充分展示永江村特有的风土人情和有趣的乡村故事。游客中心设置有综合服务大厅、政务服务、便利店、展厅、休息区、办公空间、洗手间等设施，建筑与竹林环境完美融合，远远望去，充满生机与活力。

处于紧张而忙碌生活中的人们，心中都向往一个"远离俗世喧嚣，遍地野花芳草"的静谧雅居，酒店建筑融入长宁丰富的竹资源，通过建筑形制、山水园林、门厅礼仪等方面营造出静谧和安详之美，融于乡村田园之中。

生态停车场／浮生闲精品酒店

休闲区——心若禅修会馆、竹枝书院

永江村示范区规划总平面图及效果图

竹生态发展区研究院规划

翠林雅竹近天下，仁心智水醉宜宾，稻香休闲区的竹枝书院、禅修会馆两个项目，建设产品遥相呼应，融入竹枝、竹节、禅茶、禅修等元素。

竹枝书院，建筑中的竹节、竹枝、竹叶，分别代表竹枝书院三个单体所要传达的意念，品诗中竹意，看画中竹林，食竹中清灵之气，聆听竹节拔节之音，感受竹居之地曲径通幽，韵致无穷。

禅修会馆，以茶禅、禅修、闻香、听音、素食、鉴墨空间设计于一体，针对不同业态及目标消费群体，为大伙提供一处最具科学学理、文化意境的隐逸休养胜地，是集咖啡、品茗、甜品、书吧、小型会议、产品展示体验售卖空间为一体的娱乐休闲空间，让游客在体验绿水青山的同时，又能享受现代城市生活服务的区域。

竹生态发展区研究院规划

半步生态有机餐厅由一片青瓦连廊将一老一新两栋建筑进行连接改建而成，因地制宜，合理利用地形，根据改建房屋现状，在施工中减少环境破坏，合理拆建、就近取材，赋予餐厅自然朴实而又不失格调的用餐氛围，结合长宁的竹林特点，打造出一个健康美食与环境相融合的就餐环境。

通过示范区建设，竹海镇永江村被四川省文化和旅游厅评审确定为2020年100个四川省乡村旅游重点村之一。

竹+农休闲

案例 5：特色竹村——翠屏区李庄镇高桥竹村

　　翠屏区李庄镇高桥村是根据林徽因一首诗歌《十一月的小村》描绘的意境打造的朴素、简单的安宁乡村。以"中国李庄，竹村高桥"为主题，以竹基地、竹庭院、竹游道、竹建筑、竹工艺、竹加工、竹博览、竹文化、竹民宿、竹餐饮"十个竹"为基础，引导一二三产业融合发展，采用村支部引领，职业农民为主体，第三方公司运营的模式，打造李庄环古镇乡村振兴、"宜长兴"百里翠竹长廊上集竹工艺制品生产、加工、销售、乡村旅游和柑橘种植采摘为一体的田园综合体。

高桥竹村

高桥竹特色村内种植各类竹子 24 个品种，约 4 万株，景观植物种植面积约 8000 平方米，各类铺贴面积 2000 多平方米。

高桥竹村村部

雨霖亭竹投影面积 275 平方米，造型奇特，鸟瞰就是一片竹叶，在全球范围都具有唯一性。其中还有一个故事，清代康熙年间，高桥村童生胡雨霖在四川乡试高中举人，为李庄近代唯一举人。胡雨霖每天读书途径的胡家沟桥，被村民誉为"高中桥"，久而久之，便简称：高桥。后即以此为村名，沿用至今。原来雨霖亭来源如此。雨霖亭为游人提供绘画、写生、练习瑜伽和太极的场所，也是村民跳坝坝舞、看电影的文娱休闲场所。

栽植的各类竹种

雨霖亭

特色菜馆

竹酒馆

杨剑涛竹创意技能大师工作室，主要是利用竹、木制作搭建各类场景，为大家提供学习和参考的地方。

目前，引入了宜宾首个房车营地、3 个竹艺术特色主题民宿、竹创意花卉培训工作室、宜宾摄影协会"玩摄部落"摄影基地、2 个亲子教育培训基地以及高桥竹村特色竹酒、竹茶、竹编和竹食品展示中心等业态；已设立 3 个大师工作室，包括曾伟人竹建筑大师工作室、万登贵竹编大师工作室和杨剑涛竹创意技能大师工作室创作分部及其学生实践创作基地；成立了高桥竹村竹编培训基地，并已吸纳首批 6 户村民进行竹编创作。已开展了职业农民知识技能培训、新村民的入住，从而实现各业态的落位。

高桥竹村的打造仅仅是翠屏区竹产业发展中的一个缩影。目前，翠屏区已规划了"五位一体"全竹产业链，力争打造极具乡村旅游风情的省内一流、全国知名现代农业产业示范区，成为李庄环古镇乡村振兴、"宜长兴"百里翠竹长廊上集竹工艺制品生产、加工、销售、乡村旅游和柑橘种植采摘为一体的田园综合体，为推动全市竹产业高质量发展贡献力量，为翠屏区在省、市甚至全国推广乡村振兴和一二三产业融合发展提供示范基地。

竹创意技能大师工作室

二、"线"上，添"竹"风景

突出以长江干支流、青衣江、渠江等江河、国省道交通干道、重点景观大道等为"线"，添"竹"风景，体现竹生态景观价值，打造竹生态景观长廊、精品旅游线，推进竹生态旅游产业，加快建设美丽竹区。

案例：竹林长廊—— "宜长兴"百里翠竹示范带

"宜长兴"百里翠竹示范带建设涉及翠屏区、叙州区、长宁县、兴文县、南溪区和江安县，示范带总长度 280 公里，围绕建成"产业兴旺、生态宜居、乡风文明、治理有效、生活富裕"的美丽乡村目标，明确以"生态为基、文化为魂、产业为根、幸福为本"理念，按照"一主一辅三支一延"布局建设，打造竹林景观带、产业示范带、文化展示带、生态修复带和乡村振兴示范带。

"一主"即宜宾城区至宜长路姚家嘴绿岛，再经绥庆绿岛、宜叙高速绥庆互通、兴文县久庆至江门出口示范带，道路全长 108 公里。

"一辅"即宜宾绕城象鼻互通经临港经开区、罗龙、下长出口、绕城高速宜泸高速互通至绥庆互通示范带，道路全长 60 公里。

"三支"即绥庆绿岛至长宁县城和经李端、开佛至江安县城入口示范带；南广立交经盐李路、李庄至宜长路安石出口示范带，临港经开区经南溪城区至裴石竹浆纸工业园示范带，道路全长 100 公里。

"一延"即纳黔高速公路连接线宜宾段，道路全长 20 公里。

"宜长兴"百里翠竹示范带

总体布局图

影视基地（高正平摄）

景观节点分别为：高速公路枢纽区、高速公路互通、高速公路服务区和其他重要节点。

高速公路枢纽区3个，分别为象鼻枢纽、绥庆枢纽、绕城高速枢纽。

高速公路互通13个，分别为宜泸高速临港、罗龙、下长江安、怡乐、绕城高速梅白、宜叙高速长宁、竹海、龙头、双河、梅硐、樊王山、久庆、石海。

高速公路服务区4个，分别为宜泸高速临港、长宁，宜叙高速竹海、石海服务区。

其他重要节点12个，分别为宜长路姚家咀环岛、李庄出入口、长江工业园区、龙兴环岛、李端环岛、长宁东山竹岛，盐李路南广立交、李庄入口、江红路江安环城公路、夕佳山，宜泸路涪溪口、月亮湾。

按照以路连线、以线接点、拓展连片，将规划范围的重要节点、高速枢纽、高速互通、服务区进行贯通连接；将旅游景点、产业园区、乡村振兴产业示范、竹林特色乡镇、竹林特色村进行串联实现整体联动发展。

一是将李庄古镇、"竹皇宫"影视基地、百虎世界、蜀南竹海、世纪竹园、西部竹石林、樊王山、兴文石海、七洞沟、蜀南花海、夕佳山、连天山、仁和百竹海、南溪古街、碧浪湖等旅游景点串联。

二是将翠屏区长江竹产品科技园、南溪区裴石竹浆纸工业园、兴文县太平竹产品加工园、江安县阳春竹浆粕竹纤维产业园、长宁县双河竹食品加工产业园等竹产业园区串联。

图 例

🏭 产业园区

"宜长兴"百里翠竹示范带
产业园区分布图

主线A段：宜长路

三是将宋家镇、竹海镇、樊王山镇、底蓬镇、裴石镇等特色乡镇的乡村振兴产业示范串联。

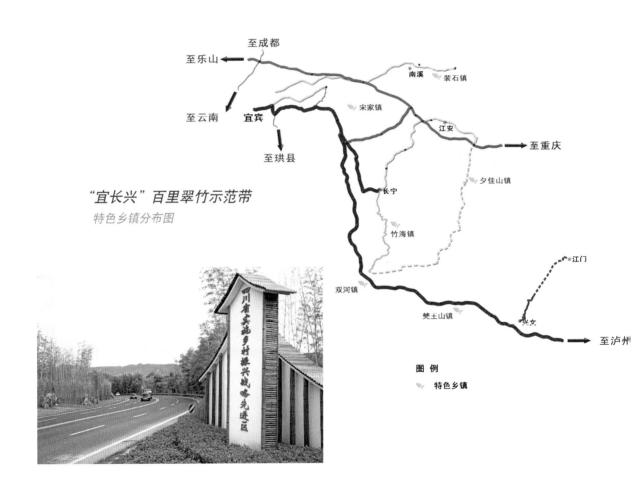

"宜长兴"百里翠竹示范带
特色乡镇分布图

四是将宋家镇胡坝村，牟坪镇龙兴村，竹海镇永江村、水口，僰王山镇水泸坝村、永寿村，夕佳山镇坝上村，裴石镇月亮湾，南广镇七星村等特色竹村和竹林人家、竹产业示范基地串联。

"宜长兴"百里翠竹示范带
特色村分布图

百里翠竹长廊宜长路段

　　"宜长兴"百里翠竹示范带建设，打造以竹为主、四季常绿、三季有花、即期成景的效果，同时，要严格控制节点的风貌，重要点位的打造要结合现状，因地制宜，注重突出特色。还包括对沿线竹林进行景观改造提升；对沿线宜竹地段栽植以苦竹、楠竹为主的竹林景观；对坡面采取三角梅和藤蔓植物补植的方式增加景观效果；对田园景观美丽地段保留现有特色的田园景观，形成竹林景观与田园农家风貌相映成趣的自然和谐田园竹林景观；对沿线可视范围民房房前屋后配置绵竹、粉单竹等竹林景观，同时进行民居改造，彰显竹林人家特色；对沿线两侧用花卉、灌木、乔木等进行合理造景布置；沿线停车点、候车亭增加竹元素；对重要节点，结合区域特点，设计不同竹主题景观，补植苦竹、斑竹、紫竹、凤尾竹、绵竹、粉单竹、箬竹、楠竹等，同时适当配置景观石，形成竹林景观与田园农家风貌相映成趣、翠竹掩映、竹波绵延的特色竹林山水画卷。

宜长路叙州段

　　其中，宜长路是百里翠竹长廊的主要展示"窗口"之一。

三、"面"上，做"竹"文章

突出以竹基地、竹林风景区为"面"，做"竹"文章，深挖竹产业经济价值，打造各类现代竹产业发展示范区、工业园区，做大做强做靓竹产业，发展新业态，延伸产业链，推动竹区竹产业全面高质量发展。

案例 1：竹类植物园——长宁世纪竹园

世纪竹园位于中国国家风景名胜区、中国旅游胜地四十佳、全国AAAA 级旅游区、国家级自然保护区、中国生物园保护区、中国最美十大森林"蜀南竹海"，距长宁县城 15 公里，距宜宾市 57 公里，距成都 250 公里，是目前世界上面积最大，品种最多的竹类植物园和竹种基因库。2001 年成功承办了中国第三届竹文化节分会场的各项工作。园区总面积 200 公顷，园区分为中心区和外围生态环境区，其中中心区面积 66.7 公顷，园内分为竹类系统园、竹文化研究展示园、珍奇竹园、竹种繁育园、竹木生态园、散生竹园、丛生竹园等 7 大园，种植有从全国各地和印度、日本、泰国、越南、缅甸等 8 个国家和地区引进的竹子428 种。走进世纪竹园，就像走进了竹的王国，荡漾在竹的海洋。

世纪竹园以竹类植物及其生态系统研究和展示为主体，以竹类植物的收集、繁育、研究、利用、多样性保护为重点，做到竹类植物繁育与景观建设相结合，集竹类植物的科研科普、科技示范推广、竹文化展示、竹类经营、竹产品生产加工和旅游观光等功能为一体，是竹生态和竹文化的旅游胜地。

世纪竹园自 1999 年规划建设以来，以竹类植物及其生态系统研究和展示为主体，重点是竹类植物的收集、繁育、研究、利用和多样性保护，得到了各级领导和国内外竹业界的专家、同仁及各界人士的大力支持和关心，现已初具规模。

长宁世纪竹园

世纪竹园由 7 大园组成，分别为：

竹类系统园——该园以引种、栽培各种竹类植物为中心，成为国内外较大的竹种基因库，从园区大门开始按竹子分类系统设假花序竹区和真花序竹区，并按竹属进化顺序排列建园。每种竹子均挂牌介绍，成为竹种大观园和竹子的基因库，既是科研基地，又具有观赏和大众教育功能。

竹类系统园

竹文化研究展示园——该园以研究和展示竹文化为核心，规划的主要内容有科研所、竹文化博览馆、三友园、竹纪念园、竹艺馆、竹简诗林等。

珍奇竹园——该园以集中展示珍奇观赏竹类为核心，按观赏特性分为花竹区、异形竹秆区、毛秆竹区、巨叶竹区、微叶竹区；另设置有"非竹"竹区、竹盆景园区、竹篱迷宫等，使人们在观赏之中领略大自然的奇妙和博大。

竹种繁育园——以培植、繁育优质竹种为主，为国内各地区的竹种更新和繁育提供优良种源。

竹木生态园——该园内竹木茂盛，自然植被保存完好，环境静谧，空气清新，风光宜人。成片的慈竹、苦竹、水竹、硬头黄竹林中，伴生有青杠、楠木、黄杞等高大桥木，林木覆盖着蕨类等植物。该区域完整的竹木生态系统，成为研究、考察竹类和其他植物自然演递的良好场所。

丛生竹园——在涪江东岸山坡至竹园大门一带栽植大中型经济价值较高的丛生竹类，形成与"蜀南竹海"以毛竹为主的迥然不同的竹林景观效果，给人们以新奇、宏伟、壮阔的感觉，为整个竹园其他活动的开展谱写下浓浓的序曲。

散生竹园——在竹园西北的外围区内种植散生竹种，选择竹、笋经济价值高的品种，竹杆大型的紧靠竹园中心区，形成竹园的背景林，增加竹园的气势，扩大景观空间，形成浩瀚的竹海风光，同时产生较高的经济效益。

世纪竹园在景观建设上体现竹的特色，以仿竹结构为主，做到竹类植物繁育与景观建设相结合。

在科研与保护方面，园内规划设科研所一个，内设标本室、培育生态室、化验室、竹病虫防治室、竹资源利用研究室等，建科研楼一幢，配备先进的仪器设备，主要从事竹生态学研究，竹类生物学研究（含细胞生物学、竹类系统学）、野生优良竹种驯化和培育研究，竹类植物病虫害防治研究，用材林的选优与利用研究，笋用竹选育和加工研究，竹类人工生态群落研究，竹类生态旅游开发模式研究，竹工艺品研究，竹子造纸研究，竹荪及其他竹类伴生菌研究，竹与人类的关系研究，竹类植物的医学保健价值研究等工作。保护工程主要是资源保护和环境保护。资源保护：采取积极有效的措施在保护好现有植物资源的前提下，进行竹类系统园的规划和建设工作；保持竹类植物和其他生物的多样性，同时搞好护林防火和竹木病虫害的监测防治工作，特别是新建竹园，对引进竹种要严格把好植物防疫关，消灭灾情隐患，防止灾情蔓延。环境保护：园内竹木茂盛，环境清幽，空气清新，水质优良，生物资源和景观资源丰富，应切实加强保护；采取必要的、积极的措施，加强对污染源的治理工作，集中统一设置造型美观的清洁箱、垃圾处理场所及污水处理池，处理好园内的污染物，并将其排放到远离水源的山沟或林地。

世纪竹园在科研、科普、科技示范推广方面已成为国际竹藤网络中心、中国林业科学研究院等科研院所的科研基地，并有竹类专家、教授、研究生等长期进驻竹园进行研究，周边地区大专院校师生竹类实习大都首选世纪竹园；周边地区中小学经常组织师生到竹园进行科普教育。竹园在科技示范推广方面发挥很大的作用，集竹类植物的科学研究、科学普及，科技示范、竹类经营、推广竹产品生产加工、竹文化展示和旅游观光等功能为一体，已成为世界竹生态和竹文化旅游的绝佳场所。

园区主要景观竹种如下：

倭竹

菲白竹

髯毛箬竹

菲黄竹

金镶玉竹

文君竹

龟背竹

花杆早园竹

青丝黄竹

花撑蒿竹

撑绿竹

竹林风景线

绿槽刚竹　绿纹竹　　紫竹　粉单竹

黄金竹　小琴丝竹　黄皮毛竹　斑竹

雷竹　硬头黄竹　水竹　绵竹

案例2：竹类博览园——世界竹文化公园规划设计概要

世界竹文化公园规划
鸟瞰效果图

　　世界竹文化公园项目基地位于四川省成都市以东的龙泉山山脉，万兴山峰是龙泉山森林公园内部一处重要生态斑块。基地周围山峰环绕，交通便利，位于洛带古镇与五凤古镇间，旅游资源丰富。项目将结合龙泉山脉场地特色，打造一个集万竹博览、竹文化大观、竹林特色小镇、竹林生态康养功能的世界竹文化公园。

　　规划设计定位：

- 世界竹文化科普展示园——竹林科普展示的平台
- 川西文化特色的山地博览园——弘扬地域文化的载体
- 互动体验式竹林康养园——康体休闲体验的乐园
- 低影响开发系统的绿色生态园——科学研究活动的基地

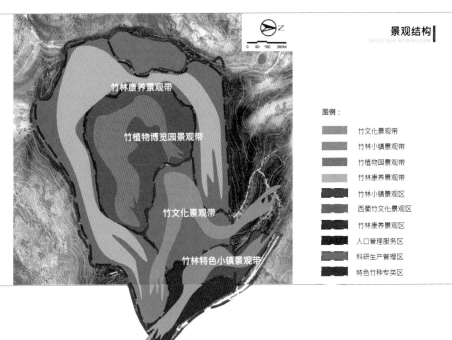

景观结构
Landscape architecture

0　90　180　360M

竹林康养景观带

竹植物博览园景观带

竹文化景观带

竹林特色小镇景观带

图例：

竹文化景观带
竹林小镇景观带
竹植物园景观带
竹林康养景观带
竹林小镇景观区
西蜀竹文化景观区
竹林康养景观区
入口管理服务区
科研生产管理区
特色竹种专类区

入口依靠原本山地地形，紧靠台地景观。进入广场后视野变得开阔，内部设置有旱喷景观、综合服务中心和竹工艺体验坊，供人们集散、休憩和体验竹工艺魅力。随后可由稻田栈道去往川西林盘特色小镇，或通过竹廊栈道去往竹博物馆和景区内部。

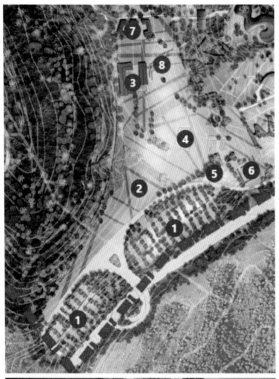

1 生态停车场
2 LOGO景观雕塑
3 综合服务中心
4 广场水景
5 台地小景
6 树阵广场
7 竹工艺坊
8 入口景观

入口景观效果图

1. 特色小镇

（1）运用了"田、林、水、院"等主要元素，营造出独具特色的川西林盘风格。稻田中设置穿行的栈道供游客游览、拍照、玩耍，及可采摘的彩色菜园。还有餐厅和圆竹屋提供餐饮、会议、表演等功能。

1 农田景观
2 竹架长廊
3 稻田栈道
4 彩色菜园
5 美食餐厅
6 多功能圆竹屋
7 川西民居

（2）采用典型的川西民居风格，四周环绕种植竹林及乔木，打造极具川西特色的小镇。小镇中有特色商业街和精品民宿，可供游客购物、休闲和住宿。在这里既能体验川西的人文风情，又能享受林盘中怡人的生活环境。

1 竹林茶馆
2 冥思广场
3 花溪叠翠
4 生态停车场
5 川西特色小镇
6 商业街
7 精品民宿

（3）由竹廊栈道连接观景长廊、竹博物馆和主要景区入口，栈道附近保留原有植物并在林下种植花海。竹博物馆里主要展览竹相关的文化与知识，具有科普教育的意义。

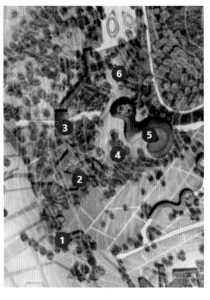

1 观景长廊
2 林下花海
3 竹廊栈道
4 竹屿森森
5 竹博物馆
6 竹影广场

2. 竹韵雅集

西蜀竹文化园区主要以体现西蜀竹文化为特色，源于王羲之的《兰亭集序》中"此地有崇山峻岭，茂林修竹，又有清流激湍，映带左右，引以为流觞曲水，列坐其次"。园区作为整个西蜀竹文化的展现，就是竹文化的一场雅集，是集"竹林雅集""竹林野趣""竹林独乐""竹风隐逸"为一体的文化体验园，通过将竹与大熊猫、西蜀名人、西蜀园林等文化元素融合的一系列文化体验，增加游客对西蜀竹文化的认知。

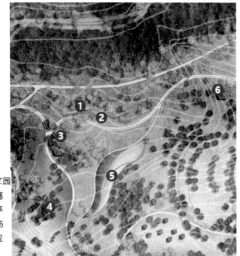

① 雅集诗文园
② 曲水流觞
③ 竹林凉亭
④ 树池广场
⑤ 湿地景观
⑥ 集贤亭

（1）该区域主要以西蜀文化中竹类相关的名人、诗歌为主题，以文人雅集的方式将这些名人与竹相关的诗集展现。园区内有景可观，有诗可赏。

（2）该节点主要以关于竹的诗词为主要构思，包括西蜀主要名人如苏轼、薛涛、杜甫等，以文人雅集的形式融合宜宾"流杯池"的曲水流觞串联起来，诗词竹简的形式展示出来，中间配植多样的竹种。

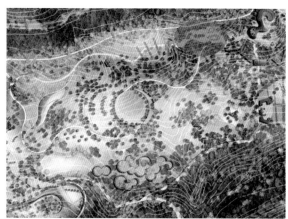

3. 竹林野趣

（1）该区域主要以西蜀园林自然、雅朴、疏朗、恬淡等特色为主，展现西蜀园林自然古朴的文化元素。

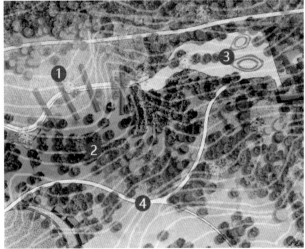

① 雅集诗文园
② 竹林步道
③ 熊猫广场
④ 红墙竹径

　　（2）该节点主要为竹文化区域的道路引导，充分体现了西蜀园林最具特色的"红墙竹影"，运用现代的设计语言手段、数字化LED墙面对"红墙竹影"景观进行新的诠释，通过控制墙面的色彩变化，形成入园特色景观廊道。

4. 竹林独乐

该区域源于明代仇英的《独乐园图》，体现"独乐乐，不如众乐乐"（《孟子·梁惠王下》）意境，主要呈现竹子悠久的人文历史典故，依托现代景观设计手法表达，设置竹子与熊猫的童趣体验空间（熊猫乐园），以及可开展各项文化活动的竹林剧院，同时也可以作为人群集散场地。

参考名人司马光的《独乐园记》中的竹景，用竹小径一直延伸至竹群围合而成的大剧场（独乐剧场），提供宽敞的集散场地，可以定期举行文化活动。剧场设置一圆环，不仅可以启动喷出雾状水气，营造竹林幽静的意境，同时配置 LED 灯带。该空间是一种半开敞空间，通透又充满竹林野趣。

5. 竹风隐逸

该区域主要以体现西蜀园林隐逸的竹林文化特色，将隐逸转化为园林中"藏"与"露"的设计语言，以竹林自然景观为主，感官体验为辅，从而形成迷宫式的竹林感官体验，并融入蜀地的竹编文化元素。

主要以体验为主，将不同的竹种用竹编围墙围起来，形成竹林迷宫，从迷宫中体味竹林的"藏露"之趣；依据地形而成的大面积竹林坡地，可以增加滑草等游乐项目；周边路径配置彩叶花灌木与竹子搭配造景。

6. 五感竹园

从传统的欣赏角度和认知来看，人们将园林景观的欣赏看作是一种视觉感官的现象来体验，研究表明虽然视觉占主导地位，但是所有感知和情感都是多感官的，并且这种感官之间相互奇妙的联觉效应共同支撑和丰满着人们对园林景观的审视和享受。

五感园区尝试打破传统园林的感官体验，将视、听、嗅、味、触五种感官体验感分别放大，又分别穿插其他不同的感官体验，以此给游客带来全面的感官体验，让游客最大限度地拥抱自然、享受自然、陶醉于自然。

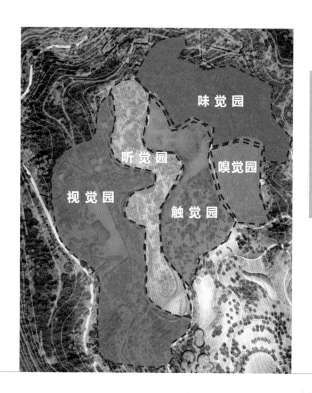

1）视觉园区——彩叶林带

"观"是人最直接、最形象的感官能力，人们对园林景观所传达的信息及审美的感受大都来源于视觉感官。

视觉园区中通过景观的布局、植物的搭配、景观颜色等来构成视觉空间，以点成线，由线成面，绘面成体，形成统一的、丰富的、多层次的竹林景观，并在高处设立观景平台，使游客的视觉感官体验得到最大的满足。

园区植物优美的造型、丰富的空间感、绚丽的颜色等有机的结合，通过种植观花、观果、观叶植物，利用植物生态性，从大自然景观中汲取营养，营造出让人流连忘返的景观场所。

春季有垂柳、玉兰等，夏季有石榴、紫薇等，秋季有鸡爪槭、桂丹等，冬季有茶花等，以及曼妙的竹林形成遮天蔽日的绿荫。

2) 听觉园区——万竹长廊

听觉作为人接受信息的第二大机能，对园林景观审美的体验显得尤为重要。环境中的声音无处不在。在现代社会生活中，随着人们对自身精神世界的更多关注，人们更加渴望自然界的声音，如流水拍石、莺鸣雀和、弹琴竹里、古寺钟声或渔舟唱晚。

园林景观中的听觉感都是通过借助自然界的力量与之微妙融合，创造出别样情趣的意境。听觉园区中，有簌簌的风声、叮叮的风铃声、唧唧的鸟叫等声音，通过各种不同的声音来丰富人们游园的感官体验。

以"声景观"为设计理念，借助自然之声，如风、雨、水、虫及鸟声，创造出聆听大自然的"音乐厅"，营造一种安宁、祥和的氛围，使人们得到心灵的升华。区域内配以不同形式的水景，人们可通过水景感受空气的湿度和季节的变化。同时，竹林随风摆动的幽瑟之声也是无比雅致。

清风竹影（王洪明 摄）

3）嗅觉园区——百香岭

园林景观中的嗅觉感主要来源于植物，嗅觉感官对园林的景观感知有着特殊的功能，它与其他的感官体验的不同之处就在于很多无法用语言精确描述的东西，却可以用气味来说明，并且气味在环境和空间中可以起到微妙的作用。

不同的植物气味也对人的行为和思维具有暗示效应，许多植物散发的气味有助于人的身心健康。嗅觉园区通过花香和竹子的香气来吸引游客，使人们在游园的过程中，不仅能通过优美的景色放松心情，而且能通过怡人的香味来缓解焦虑的情绪，从而达到康养的效果。

以种植芳香植物为主，其花香、果香、叶香以及分泌物，不仅能给人带来嗅觉上的享受，还可调节人的神经系统，促进血液循环，增强免疫力和机体活力。此外，竹子散发出的清香也对人体有益，使人心旷神怡。

4）触觉园区——竹林湿地

触觉主要是通过人们感知园林景观的表面肌理变化，结合其他感官能力，共同作用心理情感的变化。触觉的双向感和对立感在园林设计中也得到实际的应用。

触觉园区主要通过材质的变化来丰富游客的触感，如亲水平台、木栈道、碎石铺装、草坪、不同形式材质座椅等来让游客直接感受园林景观。

5）味觉园区——知味竹屋

　　味觉在景观设计中的应用能够增加景观的特色，好的味觉体验能提高人们对整个景观的良好感受。味觉园区中设立一座知味竹屋，主要加工和销售竹林里的食品，并且开放部分竹林，让游客体验制作美食的过程，增加游客在景观中的参与感和体验感。

　　主要采用食用性与药用性植物，种植可采摘、即食性植物。味觉型植物其花、果实、叶子等不同部位在丰富人的味觉体验的同时，也可起到保健作用。

7. 竹林康养体验区

1）竹林康养栈道

主要以竹林康养体验为主，成片的竹林形成竹海景观，架空的竹林康养栈道犹如空中长廊，让游人在自然竹海中徜徉，放松身心，吸收竹林有益身体健康的挥发性物质，在放松休闲体验中达到康体健身的功效。

2）竹林康养人家

主要以竹林人家节点为主，以川西林盘中特色的川西民居建筑元素的现代表达，结合场地中竹海景观，形成竹林人家节点，设置康养驿站、观景平台，为游人提供短暂的停靠站点。

3）竹林科教中心

主要以竹林科教中心为主，开展西南地区特色竹品种栽培选育，竹林康养效益，人体生理、心理、免疫系统与竹林环境配置研究，观赏竹景观研究等科学研究和科普教育活动。

案例 3：竹林基地——长宁现代竹产业示范基地

长宁县是中国竹子之乡，近年来，按照"做靓三产，做强二产，做优一产，一二三产业融合发展"的现代竹产业强县目标，围绕现代竹产业示范基地、产业园区、精深加工、现代竹生态文化旅游、竹林风景线建设，加快推进竹产业高质量发展，全力争创全省竹产业高质量发展示范县。2020 年开始实施百里翠竹示范带增量扩面、示范打造、地震灾后生态恢复重建，打造长宁现代高质量竹产业示范基地。

1. 双河苦竹笋用林示范基地

长宁双河镇是中国竹笋之乡，是长宁县优质笋用竹苦竹的核心分布区，"长宁苦笋"是国家地理标志保护产品，认证四川省森林食品苦笋基地 2 个，认证面积 8000 亩，双河镇有 3 万多亩苦竹基地，占全县 8 万亩的 40% 以上，县委、县政府将竹产业发展作为县域经济发展"1 号工程"，全力培育生态、绿色竹食品品牌，建设竹产业省级现代农业园区，打造全国最大的苦笋生产加工基地。

近年来，双河高质量推进笋用林基地和现代林业科技示范园区建设，以金鸡村为中心建设 1000 亩苦竹笋用林核心基地、5000 亩集中连片示范区，连片打造 10 万亩笋竹两用林基地，打造"中国苦笋第一镇"。

双河竹类加工企业类型全，各类竹食品（竹笋）加工企业 16 家，占长宁县境内竹笋加工企业的 90%，年加工鲜笋超过 5 万吨，企业年销售额已超过 5 亿元，在国内市场上已占据较大市场份额。

苦竹笋

苦竹林

长宁双河竹食品加工园区建设规划和效果图（一期工业用地面积 340 亩，已入驻 8 家竹笋加工企业）

茂盛的竹林正在成为双河的聚宝盆，重竹型材一期生产线正式投产，竹食品园区入驻企业 7 家，竹笋加工企业 16 家，竹木加工企业 13 家。

楠竹现代竹产业示范基地（裴涛 摄）

2. 铜锣镇十万亩楠竹现代竹产业示范基地

为打造高速公路沿线竹林风景和加快竹林提质增效，2019 年底，长宁县启动实施十万亩现代竹产业示范基地建设工程。2020 年，开始建设千亩楠竹林科技示范基地，科技示范推动现代竹产业示范基地建设。科技示范基地建设布局在长宁县铜锣镇国有林场后河工区寄马山林班，围绕楠竹林高质量培育、景观质量提升，建设现代楠竹核心示范基地，推进竹产业高质量发展，建设最美竹海和美丽乡村竹林风景线。

景观竹林经营

竹林下经营（淡竹）

楠竹楠木混交林（景观改造）

1）对公路沿线的铜锣镇寄马山1000亩楠竹林进行高质量培育，其中现代楠竹培育基地750亩、楠竹景观提升200亩、科研试验区50亩。

2）开展楠竹笋材两用林培育、大径竹培育、楠竹桢楠混栽生态经营、鞭笋培育技术、林下套种中药材淡竹叶试验示范，同步开展各项数据的监测。同时，实施林下中药材淡竹叶种植200亩，发展林药复合经营。

3）配套设施建设：

（1）服务用房及竹材初级加工点建设。修建示范基地演示厅、培训会议室、物资库、管护用房、小型停车场。竹材初级加工点修建简易厂房、堆料场生产管理用房。

（2）竹区道路建设。修建防火通道（集材道）8.9公里，其中：新建猫儿山至夜合沟2.1公里、龙颈子至大岩碥2.3公里、龙颈子至寄马山0.5公里；维修整治花地嘴至夜合沟1.9公里、圈摊子至猫儿山2.1公里；新建竹区生产便道10公里。

（3）水利设施建设。在龙颈子、烂包湾、大岩碥分别新建1口消防、灌溉蓄水池，其中：龙颈子、大岩碥蓄水池蓄水量为200立方米；烂包湾蓄水池蓄水量为400立方米，每口蓄水池配套铺设1000米引水管网。在科学试验区样地安设1套智能喷灌设施，安设轨道运输机2组，购置采伐、粉碎、运输等机械13台。

案例4：竹石林风景——"竹与石的相遇"石漠化治理的靓丽风景

　　长宁梅硐石漠化区是世界喀斯特地貌发育最古老最典型的地区之一，据地质学家考证，有5.3亿年前中上统和奥陶纪中统宝塔组地质时期形成的古石林，集山水、天坑、地缝、溶洞、地表石林、竹林、水帘瀑布、桫椤群等多样化的奇特自然景观于一体，是四川省典型的石漠化区域，距长宁县城42公里，面积约49平方公里。森林面积4000余亩，主要以竹林为主，其中，苦竹林1500余亩，楠竹林1000余亩，构成了"竹石林"风景的主体。

"竹与石的相遇"——长宁竹石林

　　长宁竹石林景区，处于竹海国家自然保护区的试验区，是我国喀斯特地貌发育最典型的地区之一。景区内竹林葱绿，连片成海；怪石嶙峋，浑然天成；以"古、奇、秀、险、全"的自然景观和古老的历史文化，深受游人的喜爱，现有10大景观区，400多个精品点，已成为世界上最古老的喀斯特地貌、世界上最具特色的"旱海奇观"、世界上最独特的竹石林奇观、世界地质公园、世界遗产"中国南方喀斯特"候选地、国家 AAAA 级旅游景区、四川省生态旅游示范区、四川省森林康养基地、长宁竹海国家级自然保护区精华景区，还是中国共产党早期的高级领导干部、优秀的军事指挥员、中共中央原秘书长、中国工农红军川南特委书记、川滇黔边区游击纵队政委余泽鸿居住和战斗过的地方，成为景区的红色旅游文化。在竹石林景区范围内的遍布十几个村庄中，贫困村占据了一大部分。这些村庄按照区位可以划分为三类：景区核心村、景区周边村以及景区辐射村。

竹石林的地质景观

竹石林生态旅游

影视外景基地

　　天然林资源保护工程、退耕还林工程实施以来，长宁县依托多样性、高品质自然景观和竹林资源，结合林业生态工程建设，积极探索石漠化治理新模式，通过新栽植苦竹、楠竹，对成林竹林实施调整结构、清理林地等措施，培育苦竹笋用林和楠竹笋材两用林基地1000余亩，打造石林竹海景观；通过竹林培育，产出原生态、无污染的森林绿色食品，为基地和游客提供优质鲜苦笋、楠竹笋、笋干、林下土鸡、竹荪、茶叶等森林康养食材。

竹林治理石漠化的创新模式

近年来，结合竹产业发展和景区建设，对梅硐镇至竹石林中心景区公路沿线20余公里竹景观大道进行培育改造，进一步提升竹林景观质量，初步建成高简村、天文村、黄金村、龙尾村、天池村美丽竹乡竹林风景线。

在石漠化地区栽植竹子，在发展竹产业的基础上原位利用石林、竹林资源打造旅游风景区。这种模式通过产业链的延伸将竹林的生态优势和旅游的市场优势相结合，不仅可解决经济效益与生态效益的矛盾问题，而且利用竹林一次栽植多年采收的优势，可充分发挥竹林生态功能和景观作用，扩大并巩固石漠化治理成效，是治理石漠化的一种创新模式。

石漠化是我国西南湿润岩溶地区特有的、在脆弱的岩溶地质基础上形成的一种荒漠化生态现象。石漠化治理应遵循水土保持的原则，因地制宜，从源头上抓起，坚持预防为主、科学治理，以提高水、土、生物资源的永续利用率为目的，把石漠化治理与林业生态工程建设、扶贫开发、特色产业发展等有机地结合起来加以综合防治。

长宁梅硐石漠化治理打造"竹石林"靓丽风景，一手抓科学治理，扩大林草植被，遏制石漠化扩展趋势，改善岩溶地区的生态环境；一手抓保护利用，在依法保护好现有林草植被的基础上，强化科技支撑，大力推进一二三产业融合发展，助推乡村振兴，促进生态、社会、经济协调发展。该模式可在竹资源分布的类似地区推广应用，其"石+""竹+"景观模式，可为其他石漠化地区治理提供科学借鉴。

目前，景区建有康养基地 300 公顷，可接待床位数 198 个，会议接待有 1200 平方米，带动周边群众自发参与融入旅游产业中来，截至 2019 年 6 月，已累计接待游客 200 多万人次，实现年收入 150 万元，带动地方村民发展种植、养殖及务工 100 人以上，开展地方土特产增值增收，带动村民发展民宿民居和星级农家乐 200 人以上，实现就近就地创收、就业。

长宁梅硐石漠化治理把独特性和典型性的喀斯特地貌景观与大面积竹林景观的组合，构成罕见的喀斯特—竹石林景观原生态系统，让石漠化区"露天石林"焕发了新的生机。同样是"靠山吃山"，"石林竹海"的综合发展模式，让"竹石林"有了更多"底气"给自然"种绿"，让生态"添彩"，为百姓"致富"。

竹石林靓丽风景

案例5：竹林景区——竹海风景

1. 蜀南竹海——楠竹林完美靓丽风景

蜀南竹海位于四川南部的宜宾市境内，面积120平方公里，核心景区45平方公里，共有八大主景区，两大序景区134处景点。由27条峻岭，500多座峰峦组成，景区内共有竹子400余种，7万余亩，楠竹枝叠根连，葱绿俊秀，浩瀚壮观。目前，蜀南竹海是国家AAAA级旅游景区、国家级风景名胜区、中国旅游目的地四十佳、中国生物圈保护区、中国最美十大森林、最具特色中国十大风景名胜区，获得"绿色环球21"认证。

蜀南竹海，可谓是"竹的海洋"，是世界上集中面积最大的天然竹林景区，独特的地理位置造就了"云山竹海，天上人间"。这里除盛产常见的楠竹、水竹、慈竹外，还有紫竹、罗汉竹、人面竹、鸳鸯竹等珍稀竹种。夏日一片葱茏，冬日一片银白，是国内外少有的大面积竹景，与恐龙、石林、悬棺并称川南四绝。

在茫茫蜀南竹海的竹海中，还零星地生长着桫椤、兰花、楠木、蕨树等珍稀植物。据统计，竹海所产的中草药不下200种，堪称一个天然的大药园。竹海中栖息着竹鼠、竹蛙、箐鸡、琴蛙、竹叶青等竹海特有的动物。林中除了产竹笋，还有许多名贵的菌类，如竹荪、猴头菇、灵芝、山塔菌等。

蜀南竹海大门

蜀南竹海，四季皆宜。春日，新笋遍地，生意盎然；盛夏，嫩竹泻翠，林荫蔽日，瀑飞泉涌，气候爽人；金秋，翠竹摇风，绿竹林中，红叶点点；隆冬，林寒涧肃，青枝白雪，相映成趣。

晨光沐竹海（张华 摄）

蜀南竹海是世界罕见、中国唯一的集竹景、山水、湖泊、瀑布、古庙于一体，同时兼有历史悠久的人文景观的竹文化、竹生态休闲度假旅游目的地。蜀南竹海的植被覆盖率达92.4%，景区内绿色怡人、空气清新，是一座天然的绿色大氧吧。

蜀南竹海雪景（邱正江 摄）

蜀南竹海景色宜人

永通池瀑布（刘龙泉 摄）

1）以竹为景

整个竹海成"之"字形，东西宽、南北狭。山地是典型的丹霞地貌，海拔 600~1000 米。林中溪流纵横，飞瀑高悬，湖泊如镜，泉水清澈甘冽，空气清新，郁香沁人，曲径通幽。竹景与富集配套的山水、湖泊、瀑布、崖洞、寺庙、气象、地质、民居交融，自然生态与历史人文并重，清风摇曳、竹影婆娑、四季宜游，是人们回归大自然的游览胜地。一望无际的竹子连川连岭，整整覆盖了 500 多座山丘。

仙寓硐丹霞地貌（刘龙泉 摄）

生态隧道（牟一平 摄）

　　翡翠长廊，位于竹海深处，是蜀南竹海最著名的胜景。翡翠长廊路面是由"色如渥丹、灿若明霞"的天然红砂石铺成。两旁密集的老竹新篁拱列，遮天蔽日。红色地毯式的公路与绿色屏风般的楠竹交相辉映，形成秀丽壮美的翡翠长廊。

往来穿梭海中海（张华 摄）

忘忧谷九天瀑布（刘龙泉 摄）

　　海中海，位于翡翠长廊至仙寓硐景区公路的左侧，是仙寓硐景区的第一个景点。海中海原是竹海山上一个比较低的槽谷，后筑坝形成一个湖泊，于1998年3月对外开放。湖泊面积约60亩，湖面空旷开阔，俨然茫茫竹海中的一个"海子"，故名海中海。

　　忘忧谷，位于竹海旅游集散中心万岭小桥约一公里处，是蜀南竹海著名的景点。谷门用竹建成。溯幽谷小溪而上，蜿蜒蛇行，竹影丛丛。太阳透过竹叶的间隙，撒下点点亮光。清澈的溪水，一路跌宕，演变成五叠瀑、珍珠瀑等众多瀑布后，欢快地奔出山谷。踩在天然的石板上，观赏着轻盈的竹林，聆听着潺潺的溪水声，足以忘记生活的忧愁。

梦里小镇（牟一平 摄）

2）以竹为食

一年四季，天天鲜笋不断。竹花、长裙竹荪、竹荪蛋、新笋、竹酒汇聚的"全竹宴"，被称为"天下山珍第一席"的熊猫大餐是蜀南竹海独有的；竹花据说叫竹燕窝，竹荪是菌类，平常大家只能吃干的，但是在竹海却可以享受新鲜的，口感味道都非常不错。

3）以竹为居

竹楼、竹亭、竹廊、竹榭，构筑的是诗意栖居。竹床、竹椅、竹桌、竹碗、竹筷，展现的是天人合一。

竹工艺制品 影视作品外景拍摄

4）以竹为艺

蜀南竹海，是中国竹工艺的发源地和三大竹刻中心之一。竹簧工艺为国家级非物质文化遗产。竹根雕被誉为"化腐朽为神奇的杰作"。

以竹为乐。车车灯、虫虫歌、竹竿舞、踩高跷，舞之蹈之，歌之咏之，浸淫于竹海人生活的点点滴滴。

5）以竹弘文

竹简，承载了3000年中华文明；竹诗，吟出了九天神州风韵；竹乐，奏出了历史回音；墨竹，绘出了君子气节。蜀南竹海更是川南地区著名的影视基地，《卧虎藏龙》《大人物》《大酒商》《风云2》《爱到春潮滚滚来》《勇士》，及浙江卫视《24小时》真人秀栏目等诸多影视作品和综艺节目都将蜀南竹海作为了外景拍摄地点。

2. 沐川竹海——川西慈竹风景明珠

沐川竹海，也叫川西竹海，位于沐川县城东南方213国道上的永福镇，距沐川县城20公里，距乐山120公里，距成都市200多公里。景区总面积50余平方公里，地属丹霞地貌，平均海拔450米，中心旅游区林竹面积10余平方公里。绵延起伏的山峦河谷间有成片慈竹10万余亩，微风吹拂，绿波荡漾，逶迤成浪，一望无涯，故得竹海之名。有天造地设的"萧洞飞虹"，曲折惊险的"穿洞子九沱十八滩"，山水合一的永兴湖，归隐山峦的永兴寺，神秘险要的桃源洞等70余处景点，还有野猴、松鼠、桫椤等珍稀动植物。

沐川竹海跟蜀南竹海不一样的是，蜀南竹海以散生楠竹为主，阳刚挺拔；沐川竹海以丛生慈竹为主，妩媚飘逸，所以两个是风格迥异的竹海。

沐川竹海景区（永兴湖）

　　沐川竹海为国家 AAA 级旅游景区，景区内植被良好，林竹资源富集，山峦错落有致，沟壑纵横，丹霞地貌凸显，是一幅物自天成的自然山水画。一望无垠的竹海碧波荡漾，一丛丛青翠细碎的慈竹叶在微风中显得婀娜多姿，体态轻盈。看日出，听涛声，让人赏心悦目，流连忘返；同时"竹海"常年空气清新，素有"天然氧吧"之美誉。景区主要景点有潇洞飞虹、穿洞子九沱十八滩、永兴湖、永兴寺、桃源洞等七十余处，还有野猴、松鼠、桫椤等珍稀动植物。

潇洞飞虹瀑布／银子岩

洞飞虹被中国国家地理评选为四川100个最美观景拍摄点，天然的丹霞地貌，三面石壁，洞顶绝壁间一条白色水链凌空倾泻而下，形成唯美壮观的丹霞瀑布，十分震撼！

银子岩是沐川竹海一登高远眺之地，在观景亭上眺望，跌宕起伏的山峦，连绵起伏的竹海，远处的梯田、农舍，呈现在你眼前的是秀美的田园风光。

景区地处南丝绸之路重要支线沐源川道，历史文化底蕴深厚。有三国时诸葛亮南征第一要塞三言寨，南宋时建有军事要塞，清代中期是土纸集中生产地。清代学士陈翰林和皇榜岩的典故、玉锡春联、韩湘子吹箫、八仙聚首等动人传说使景区更添新意。独特的林竹风光和丹霞地貌相结合，使沐川竹海成为休闲度假，观光避暑，追寻古驿道、古寨子、古军事城墙的理想场所。

沐川竹海景区风景

四、区域竹林风景线构建布局

为贯彻落实《关于推进竹产业高质量发展　建设美丽乡村竹林风景线的意见》精神，四川省竹区市县各展其能，以竹为主，适度搭配花卉、彩叶、竹亭、竹雕，打造山水相依、人文浸润、万竿挺翠、芳草萋萋、鸟语花香的竹林风景线，推进乡村振兴。

成都市将结合 2021 年世界大学生运动会等重大会展活动，在新华大道—东西轴线、新机场高速、熊猫大道等 10 个区域打造 5 条高品质翠竹长廊；在新金牛公园、北湖公园、邛窑公园等打造 100 个竹景观公园；在锦城绿道、锦江绿道等建设 500 公里竹元素天府绿道；在崇州道明竹艺新村、邛崃平乐花楸村等保护提升 100 个川西竹林盘。通过天府绿道串联和点植、散植、组团、群植等手法，推进竹特色场景营造，突出川西林盘风光，塑造 "水润天府，茂林修竹"的公园城市美丽竹林风景线，体现成都在全省战略布局中"主干"的责任与担当。

熊猫翠竹长廊　　　　　　　　　　　　　　　　　川西林盘

"宁可食无肉，不可居无竹"。眉山市"点、线、片"结合，全力打造美丽乡村竹林风景线，瞄准三大重点，分类打造精品竹林风景线。一是突出点，打造竹林公园。在森林城市建设中融入竹元素、突出竹主题、彰显竹文化，积极打造一批竹林公园，规划建成 10 个竹林公园，包括东坡区鲫江河竹园湿地公园、彭山区竹韵廊公园、青神县竹里银杏公园等。二是连成线，建设翠竹长廊。在岷江、青衣江等江河沿岸、剑南大道等入眉要道和大峨眉旅游环线等旅游干线，规划建设一批长度 10 公里以上、宽度 10 米以上的"翠竹长廊"，规划建成 15 条。

眉山苏堤公园翠竹长廊

三是做美片，优化竹林景观。坚持植竹与造景并举、添绿与增收并重，积极在乡村风貌改造和城镇建设中，融入竹元素，优化竹景观，打造一批竹林小镇、竹林景区、竹林人家，规划建成 10 个以上，着力形成美丽竹林乡村风貌。

宜宾作为川南竹产业集群的核心区，是全国十大竹资源聚集地之一，在全省 14 个竹产业发展重点县中，宜宾有 7 个县名列其中，占据了半壁江山。近年来，编制了《宜宾市竹产业发展三年行动方案 2018—2020》，围绕重点领域，突出区域协调互补、错位发展。围绕建设"中华竹都、最美竹海"的目标，实施开展竹林增量、基地提质和宜长兴"美丽乡村百里竹翠风景线"示范等三大行动，按照"强二产、拓三产、壮一产"的思路，促进一二三产融合发展，实现竹产业全链条式提升。

宜宾长竹路竹林风景线节点景观

在竹加工业布局方面，坚持区域协调互补、错位发展原则，引导全市竹类加工企业分类别向特色园区集聚，翠屏区重点发展高品质竹产品等，长宁县重点发展竹食品加工、竹工艺等，江安县重点发展竹浆粕、竹纤维、竹建材、竹工艺品加工等，兴文县重点发展竹食品加工、竹饮料、竹建材等，南溪区重点发展竹浆纸、竹日用品，其他县（区）提供竹产品生产原料等。大力发展具有比较优势的竹浆造纸和竹食品饮料产业，加快培育和发展竹纤维及竹新型材料等新兴产业，改造提升竹地板、竹家具等传统竹产品。培育壮大龙头骨干企业，以宜宾纸业、天竹公司等龙头企业为主体，做大做强盛园食品、长顺竹木等骨干型企业，支持九业食品、磐达制扇等中小微企业不断壮大，实现大中小竞相发展的良好格局。将资源优势转化为经济优势，努力提升"宜宾竹"的综合竞争力，打造"中华竹都"。

宜宾长顺竹木产业有限公司竹原纤维车用材料、竹原纤维4D床垫

竹林
风景线

合江县金龙湖竹林风景线

　　泸州市建设"两线带多点""环、线、道"相融的美丽乡村竹林风景线，做到景不断线、景线相连，呈现出"一城竹林环两江、满目青翠醉酒城"的美景。在提升竹林基地质量上，实施竹资源培育工程。目前，泸州市现代竹林基地达到210万亩。在打造优质竹林景观上，重点围绕纳叙古高速公路沿线和纳溪至赤水（G546）沿线，打造百里翠竹长廊等沿河沿路自然生态竹林风景线和竹林大道20条，并与乡村振兴结合，开展美丽乡村植竹造林和绿道建设，配建特色竹建筑，打造城镇竹林景观。在发展生态旅游上，泸州市推进"竹+康养"，着力打造合江福宝、金龙湖、法王寺、尧坝，纳溪凤凰湖、大旺竹海、天仙硐，叙永水尾、画稿溪等以竹生态为主的生态观光旅游环线。目前，泸州市已获得中国特色竹乡、中国森林养生基地、中国森林体验基地等7个国家级生态荣誉称号。

雅安西蜀熊猫竹海

雅安市建设西蜀熊猫竹海现代林业产业园，积极打造以"周公山""海子山"森林康养底蕴和"竹林小镇""竹林人家"为载体、竹文化为主题的竹林休闲旅游；充分挖掘竹子与大熊猫的关联，做好竹文化与熊猫文化结合文章，积极提升竹文化内涵；夯实竹林生态基础，开展竹林基地复合经营、集约经营，打造"西蜀高效竹林生产基地""西蜀竹文化旅游产业平台""西蜀竹乡生态经济示范区"。

宜宾市翠屏区以"一线一园一宫"（"一线"为宜长兴"百里翠竹风景线"，"一园"为四川长江工业园区现代竹产业加工园，"一宫"为李庄影视城竹皇宫）为重点布局，以高桥竹特色村和"虎竹园"为竹文化承载，以胡坝村现代竹产业发展示范园为依托，执行"高端化、园林化、精品化"标准完成"翠屏翠竹长廊风景线"建设。

叙州区围绕高质量建设"天下竹乡"南广镇，投资1833万元在南广镇建设10公里竹林风景线，按照"功能齐全、四季常绿、三季有花、生态竹苑"建设标准，完成姚家嘴、蜀南庄、停车服务区等5个节点打造和沿线14户民居风貌整治，初步建成"风格统一、景观多样、独具特色"的竹林风景线。

长宁县充分发挥蜀南竹海优势做靓竹生态景观，启动"百里翠竹示范带"建设，将建设竹林风景线与竹丰产示范基地、现代竹产业园区、国道省道绿化美化相结合，按照景观竹与笋用材用竹相结合、竹林景观与花草树木相搭配，形成"大竹海"格局。

青神县传承东坡文化，建设翠竹掩映、清风雅韵的竹林城市。以竹林景观为底色，搭配多色谱、多品种、多元素的各种植物和景观小品，成功打造"竹里桃花""竹里海棠""竹里芙蓉""竹里院子"，形成城市竹里系列风景。

以岷江、思蒙河为骨架，其他支流、水库、渠系为支撑，打造竹林湿地，形成水上竹林风景。

洪雅县通过改良升级，在5个竹林重点乡镇建设现代竹产业基地2万亩，配合西环线建设，规划将柳江至高庙段建设成为省级竹林大道，完成胜科路竹林景观带建设，在田锡水景公园内引进竹元素，沿"引青入城"沿线打造竹林景观，使洪雅城乡风景更加美丽。

洪雅翠竹长廊（柳江—高庙）

南充高坪区竹编（万学传艺）

纳溪区围绕大旺竹海、凤凰湖、普照山等重点景区规划精品竹风景环线，围绕永宁河、白节河、清溪河等主要河流规划沿河竹风景线，围绕 G76 高速、G546 国道规划沿路竹风景线，形成"三线带多点""环、线、道"相融的美丽竹林风景线，全力打造精品竹林风景线 100 公里。

叙永县以"一路一河一景区"为目标，采取"楠竹＋绵竹"的营造林模式，将"纳叙古高速叙永段"左右线各 50 米无竹农耕旱地和荒山地打造成百里翠竹长廊；通过竹资源改造，建设水尾河流域竹林风光带；巩固提升永宁河、水尾河、敦梓河、321 国道、S438 线等翠竹景区视觉景观。

井研县着力打造横贯东西的三条竹林风景线，其中：长 12 公里井（研）沙（湾）多彩竹林大道，长 11.4 公里东（林）荣（县）乡村翠竹长廊，长 17 公里 G348 国道竹林大道，主要栽植小琴丝竹、绵竹、凤尾竹、苦竹，配植银杏、三角梅、元宝枫、栾树、香樟。

大竹县以乌木滩水库、龙潭水库为中心，打造万亩竹海湿地公园；依托城市公园，升级改造竹文化主题公园 3.5 万平方米，在县城与各乡村旅游目的地打造翠竹长廊，全方位展示大竹县竹文化、竹特色，为竹城百姓以及游客提供生态绿色、宁静优雅的旅游休闲"打卡地"。

荥经县以大熊猫国家公园南入口建设为契机，构建"以龙苍沟竹林小镇为核，以全长 17 公里悠然森林竹道、全长 34 公里熊猫翠竹大道为线，辐射龙苍沟国家森林公园、大相岭自然保护区、牛背山、云峰山竹林景区"的点线面立体竹林景观格局，彰显浓郁的熊猫文化、竹文化。

绵竹市将利用大熊猫国家公园创新示范园区落户当地为契机，建设大熊猫国家公园入口示范区，打造大熊猫国家公园的"会客厅"，建设大熊猫科学研究院科研示范基地、大熊猫国际旅游度假区、大熊猫野生动物园等八大区，促进大熊猫文化与竹产业融合发展。

此外，广元市、南充市等地积极建设竹林基地，大力发展竹笋加工、竹编等产业。

（一）青神魅力十"竹"，打造最美竹林风景线

青神县按照"竹+1+N"的理念，在岷江流域沿岸和主要交通干道建设竹林生态屏障，形成了竹林湿地、竹里海棠、竹里桃花、竹里芙蓉、岷江东岸翠竹长廊、尖山竹海等树种多样化、景观多色谱的6条竹林风景线，筑牢长江上游生态屏障，建设环成都最美森林城市。

竹林湿地　万竹可观

位于思蒙河畔的竹林湿地公园，面积约2000亩，是以"万竹博览，文化大观，旅游休闲"为主题打造的富有竹类特色的生态康养城市湿地公园。项目以自然生态竹林为主，同时搭配栽植乔、灌、花等相结合的多层次、多色调植物群落，小桥流水、竹屋掩映，形成独具竹类特色的生态型城市湿地公园。公园内汇聚了世界各地300多种竹子，是竹科普园、研学基地、省级竹林湿地公园、竹林康养公园。

竹里海棠　水净景美

同样位于思蒙河畔的竹里海棠公园，占地约1000亩，栽植有粉单竹、慈竹等10余个品种的竹，垂丝、西府、贴梗、八棱、北美等5个品种的海棠，以及银杏、日月桂、栾树、紫薇、黄花风铃木、羊蹄甲等植物50余种。并配套建成曲折环绕的竹溪约4公里，通过湿地沉淀、跌水净化、水生植物等净化水体。如今的竹里海棠公园，水环境治理成效明显，河畔鲜花烂漫，景致美不胜收。

竹里海棠

竹里桃花　色彩绚烂

位于眉青快速通道两侧的竹里桃花占地约 1000 余亩，以 10 余种竹类为底色，以碧桃为主题，建成了植物多样化、景观多色谱的竹林风景线，共有竹枝清涧、竹映枫趣、荷塘竹韵、樱悦林等 13 个景观节点，是绿色生态、康养休闲的城市森林公园。

竹里芙蓉翠竹长廊

竹里芙蓉　赏心悦目

竹里芙蓉竹林风景线全长 10 公里，沿眉青快速通道、机械大道、竹艺大道，按照"竹 +1+N"的理念，以"竹 + 芙蓉 + 多树种 + 乔灌草"建设多样化、多色谱的竹林风景线。该项目始建于 2014 年，至今共投入 3000 多万元，近年来不断补齐、增厚、添彩，已成为青神县最美的一条竹林景观大道。特别是金秋十月，芙蓉花开，风景如画，美丽怡人。

翠竹长廊　彰显竹韵

岷江东岸翠竹长廊全长 20 公里，从岷东大道（青神段）起，沿岷江东岸，连接中岩寺、汉阳古镇，一路翠竹绵延，为沿路增添竹生态之韵，为道路、水上交通构筑了一条竹林风景线。

沿江翠竹长廊

尖山竹海　助农增收

尖山竹海位于瑞峰镇尖山村、天池村，占地12000亩，从2008年开始建设，自实施以来带动尖山村农民人均年收入增加2500元，为脱贫攻坚发挥了重要作用。尖山、天池两村依托竹海资源，打造以竹海为主的康养基地和乡村旅游产业，推进竹产业一二三产融合发展。

尖山竹海

青神县多措并举，擦亮"三竹"品牌。实施"竹＋品牌"发展战略，支持重点企业，建立现代制度，制定品牌培育发展规划，促进环龙新材料、云华竹旅等重点企业与国际知名品牌合作，共同推出"斑布""功夫熊猫""竹＋X（皮、玉、瓷、珠宝等）"系列品牌产品36种，形成了竹编、竹纸、竹桶三大产业，"青神竹龙"成功申报为"最长竹编舞龙"吉尼斯世界纪录，"竹编"远销欧美、日韩等50多个国家和地区；"斑布竹纸"占全国本色生活用纸市场份额的30%，"青神竹桶"成为2019年北京世园会中外领导人手持眉山竹桶，共培"友谊绿洲"。

竹编／竹纸

编一朵"竹玫瑰"村民可挣10余元人民币

"竹产业"已成为地方村民致富奔康的"福产业"（刘忠俊 摄）

　　此外，还规划建设1400亩的竹里杏兰风景线项目，以绿道为主轴，串联竹林景观项目，打造绿色交通系统，最大限度发挥竹林风景线的生态价值、经济价值和社会价值，让青神的山水田园与美丽竹林相融合，让美丽乡村竹林风景线成为青神的鲜明特色。

（二）成都市打造公园城市美丽竹林风景线

　　成都立足实际，制定了《关于推进竹产业高质量发展　建设公园城市美丽竹林风景线的实施意见》，提出到2022年，建成现代竹产业园区4个，创建省级竹产业高质量发展示范县2个。同时，还将规划建设100个竹景观元素的公园和街区，分别建设10个竹特色镇和竹产业特色村示范点。将竹元素融入天府绿道，并以竹为载体开展生态旅游等，真正让竹林成为公园城市一道美丽的风景线。

竹林＋绿道

对标学习了浙江安吉、福建建瓯等竹产业发达地区，立足成都市发展优势，提出了差异化发展策略，确定了"一带两区多点"的总体布局。

"一带"，以龙门山脉区域为主的竹产业带，重点开展竹林生态保育、竹产业基地建设、竹产品加工等。

"两区"，以大熊猫国家公园一般控制区为主的大熊猫栖息地竹旅游区，重点开展大熊猫竹主题旅游、竹林康养等；以武侯区、成华区、崇州市、邛崃市为主的竹文化创意区，重点发展竹编竹艺、竹博览会展、竹文化创意体验、竹科技研发等。

"多点"，以天府绿道串联川西林盘、都江堰精华灌区、城市公园绿地和竹特色镇等竹产业集群创新发展区，重点开展竹林康养与游憩、竹产品加工与进出口贸易、竹产业市场平台搭建等，着力打造三产融合、要素聚集的全域性现代竹业发展群。

在推进举措上，支持竹林盘发展竹编艺、竹雕刻、竹制作等体验消费，支持竹林盘发展竹民宿、竹文创、竹展览等农商文旅体融合产业；推动崇州市道明镇竹艺新村、邛崃市平乐镇花楸村、川西竹海竹艺林盘、蒲江县明月村、都江堰市柳街镇七里诗乡等川西竹林盘修复建设；并支持创建竹林小镇，评选竹专业村镇和特色生态旅游示范村。

竹产业功能区建设融入天府绿道。按照"竹林+"模式，串联全域田园、竹林、村落、溪流等生态资源，促进竹文创、竹旅游、竹商贸等竹产业功能区和城市产业功能区相互连接；还将在公园、道路、小游园、微绿地、社区等区域，加大竹类的运用，塑造各具特色的竹园林景观；在东部新区生态景观建设中加大竹元素的应用，在天府绿道、龙泉山城市森林公园、"熊猫之窗"项目区域以及崇州市、彭州市、邛崃市建设翠竹长廊。

延伸产业链，培育生态圈。充分利用竹林下土地资源和生境优势，推广竹—药、竹—菌等模式，推进竹林复合经营，提高竹林资源综合利用率。将符合要求的规模化、标准化竹林下生态种植建设项目列入市级林产业项目扶持。

竹林风景线

邛崃芦沟的川西竹海

彭州阳平观楠竹林

在竹文化方面，成都将挖掘利用成都大熊猫、望江楼公园、道明竹里、川西竹海等悠久竹文化元素，利用特色竹工艺发展竹文创，助力世界文化名城建设。传承发展邛崃市瓷胎竹编和竹麻号子、崇州市道明竹编、都江堰市聚源竹雕、郫都区古城竹鸟笼等竹类非物质文化遗产。支持竹产业重点区域设立大师工作室、竹文创中心等。

同时，还将推进竹林生态旅游发展。依托邛崃市川西竹海景区、都江堰市大熊猫与竹文创项目、彭州市"万亩林亿元钱"竹林示范基地和龙泉山城市森林公园"熊猫之窗"等重点竹林资源，大力推进竹林生态旅游发展。支持竹产业重点区（市）县打造竹生态旅游精品线路，推出竹文化旅游线路产品和体验基地。

望江公园

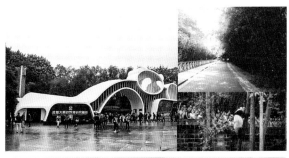

成都大熊猫研究基地旅游

成都龙泉山森林公园熊猫之窗
规划效果图（部分）

成都非遗节上的熊猫人偶表演

杜甫草堂竹景观

支持竹产品精深加工。鼓励优质竹产品及加工技术、竹纤维、竹缠绕复合压力管道、重组竹等新产品的研发应用。推进竹产品就地加工，优化竹材、竹笋、林下产品的就地加工点布局，推进竹食品冷链物流建设，支持成立竹产品初加工合作社。同时，还将整合资源要素，集中打造一批现代竹科技示范园、竹生态经济园、特色竹产业园。

培育新型竹经营主体。支持返乡创业人员、大学毕业生、农村能人等领办竹产业项目；支持示范带动力强、联结贫困户多的新型竹产业经营主体承担竹产业项目。对新获得国家级林

竹林休闲

蒲江明月村雷竹产业基地

业龙头企业或国家级林业专合组织的竹产业经营者给予最高10万元的一次性奖励。龙头企业新建规模化标准化竹林种植基地，建立产品质量可追溯体系，获得森林食品基地认证、绿色食品认证、有机食品认证后，最高分别给予5万元、5万元、10万元的一次性奖励。

鼓励打造竹产业非遗品牌。做大做强邛崃市川西竹海、彭州市"川熊猫"、崇州市道明竹编等竹产品特色品牌。支持创立乡土特色竹产品品牌，鼓励地方政府和企业对竹品牌的维护和营销。

完善竹产品出口相关机制。加强与"一带一路"沿线国家竹产业国际合作，鼓励各类竹苗、竹盆景等竹产品通过以"东蓉欧"为主通道的全球供应链体系出口海外。鼓励竹产业企业利用电子商务平台进行网络销售和品牌宣传，鼓励有条件的竹产业企业搭建电子商务平台。在支持竹产业科技创新方面也将加大力度。

蒲江明月村竹林文创室

竹景观不仅表现在外形上具有挺拔秀丽的竹秆、潇洒多姿的枝叶、翠绿宜人的色彩，更具有生动的文化内涵——宁折不屈的气节、谦虚谨慎的品格、超然脱俗的气质。从古至今，竹子的独特外形和丰厚底蕴总能带给人美丽脱俗的愉悦感受。我国先民们在长期的生产实践和文化活动中将竹子虚心有节、四季常青、中通外直、高风亮节等特性加以概括提炼形成的竹精神，充分体现了中华民族的精神特质。用于景观配置的竹子，通常称为观赏竹，这里作为竹林风景线建设的竹子，可称为景观竹。

第五章

竹景观配置应用

第一节
景观竹分类

一、按照植株大小分类

1. 大型景观竹

株型高大、气势磅礴，高度在 10 米以上的观赏竹，可用于开阔的庭院公园、风景区等造景。竹种包括巨龙竹、龙竹、毛竹、粉单竹、慈竹、绿竹、青皮竹、淡竹、紫线青皮竹、绿篱竹、黄金间碧玉竹、花毛竹、梁山慈竹、吊丝竹、花吊丝竹、刚竹、黄甜竹、麻竹、车筒竹、橄榄竹、撑篙竹等。

2. 中型景观竹

株型较为高大，高度在 6～9 米的观赏竹，可用于较为开阔的庭院、林荫道或高大建筑四周列植。竹种包括茶秆竹、黄皮毛竹、孝顺竹、绿槽毛作、黄皮刚竹、崖州竹、黄槽毛竹、金镶玉竹、银明竹、斑竹、箭竹、紫竹、螺节竹、筠竹、唐竹、绿皮花毛竹、黄槽刚竹、绿槽刚竹、黄壳竹、台湾桂竹、褐条乌哺鸡竹、黄秆乌哺鸡竹、桂竹、黄条早竹、安吉金竹、实壁竹、红边竹、石绿竹、黄条石绿竹、红竹、江华大节竹、金佛山方竹、大琴丝竹、绿竹、米筛竹、画眉竹等。

紫竹　　　　　　　　　　　　　　　　　　*李顺竹*

3. 小型景观竹

　　株型中等，高度在 3～5 米的观赏竹，可用于不十分开阔的庭院以及与其他园林植物混合造景。对于寒冷地区，可用大盆或桶栽方式养竹。竹种包括黄竹、方竹、信阳水竹、毛方竹、四季竹、龟甲竹、佛肚竹、罗汉竹、湘妃竹、黄槽斑竹、算盘竹、晾衫竹、大明竹、长叶苦竹、通丝竹、实心苦竹、斑苦竹、华丝竹、慧竹辽东苦竹、冬竹、信宜石竹、巴山木竹等。

大明竹　　　　　　　　　　*斑苦竹*　　　　　　　　　　　　　*方竹*

4. 矮型及地被景观竹

株型较小、高度在 1~3 米的观赏竹为矮型观赏竹，可用于小型庭院以及园林小品、山石、水体、低矮植物等的组合造景。竹种包括赤竹、箬竹、小叶箬竹、合江方竹、乳纹方竹、四川方竹、龙拐竹、江南竹、陵水紫竹、红花竹、观音竹、花孝顺竹、白缟女竹、阔叶箬竹、长耳箬竹、凤尾竹（丛生）等。

株型低矮、高度在 1 米以下的观赏竹为地被观赏竹，可用于各类绿地中的地被植物造景以及花坛铺地覆盖、林木地被覆盖等。其竹种包括爬地竹、菲白竹、菲黄竹、矮箬竹、鹅毛竹、鸡毛竹、倭竹、草丝竹、翠竹、铺地竹等。

长节箬竹

矮箬竹

江山倭竹

二、按照地下茎的形态和繁殖特性分类

地下茎是竹类在地下土壤中横向生长的茎。茎上有节，节上生根，节侧有芽，芽可萌发为新的地下茎或笋。可分为单轴型观赏竹（散生）、合轴型观赏竹（丛生、散生）、复轴型观赏竹（混生）3 个类型。

1. 单轴型

单轴型景观竹（散生）的地下茎包括细长的竹鞭、较短的秆柄和秆基 3 个部分。秆基上的芽不直接出土成竹，而是先形成具有顶芽和侧芽、节上长不定根，并能在地下不断延伸的竹鞭。竹鞭的顶芽一般不出土成竹，其侧芽有的出土成竹，有的又形成新的竹鞭。因此地面的竹秆之间距离较长，呈散生状，今后发展成散生竹林。如早竹、五月季竹、尖头青竹、罗汉竹、金镶玉竹、刚竹、毛竹、紫竹、斑竹等。

2. 合轴型

地下茎粗大短缩，仅由秆柄和秆基两部分组成，大型芽出土成竹，无延伸的竹鞭，但有些竹种的秆柄可延伸形成假鞭。按竹秆在地面生长情况又分为合轴丛生型和合轴散生型。

合轴丛生型：秆基大型芽出土成竹，第二年又从新竹的秆基大型芽出土成竹，竹秆密柴相依，在地面上形成密集的竹丛，具有这种类型地下茎的竹种叫丛生竹。如慈竹、绿竹、粉单竹、孝顺竹、凤尾竹、青皮竹等。

合轴散生型：地下茎顶芽和秆基芽出土成竹，但秆柄显著增长，形似

龟甲竹

观秆竹种歪脚龙竹

观秆竹种紫竹

竹鞭（假鞭），但鞭芽退化，长可达 30～100 厘米，使竹秆在地面呈散生状态。如箭竹属、梨竹属、泡竹属、筱竹属．玉山竹属等。

3. 复轴型

兼有单轴型和合轴型地下茎的特点，既有横向生长的竹，并从鞭芽抽笋成竹，稀疏散生；又有从秆基芽眼萌发成笋，长出成丛的竹秆，通常该类竹种形成的竹林看上去较为密集。具有这种类型地下茎的竹种称为混生竹。如茶秆竹属、大明竹属、赤竹属、箭竹属、箬竹属、方竹、矢竹、巴山木竹等。

三、按照观赏部位分类

1. 观秆竹种

与人多数竹子的秆型呈圆形、中空有节、光滑青绿等不同，观秆竹种的竹秆或畸形，或具有特殊色彩、斑纹等，从而具有更高的观赏价值。

畸形竹种：

（1）竹中下部或下部呈方形。如方竹属中方竹、刺黑竹、毛环方竹、方秆毛竹等。

（2）竹秆基部节间缩短、肿胀，呈花瓶状或梨形。如大佛肚竹、小佛肚竹、罗汉竹、龟甲竹、辣韭矢竹、佛肚毛竹、龙拐竹、肿节竹等。

（3）竹秆的节突隆起，呈算盘珠状。如筇竹、大节竹、球节苦竹、肿节少穗竹、细秆筇竹等。

（4）竹秆的节间螺旋状或中上部节间呈"之"

字形曲折。前者如螺节竹，后者如倭型竹。

彩秆竹种：

（1）秆呈紫色。如紫竹、刺黑竹、筇竹、白目暗竹、紫线青皮竹、业平竹、斑竹等。

（2）秆呈黄色。如黄皮桂竹、黄皮京竹、黄皮刚竹、安青金竹、黄皮毛竹等。

（3）秆呈白色。如粉单竹、粉麻竹、粉绿竹、梁山慈竹、华丝竹等。

（4）秆呈绿色，但节间或沟槽有黄色条纹。如银丝竹、花巨竹、黄槽竹、黄槽刚竹、黄槽毛竹、黄条早竹、碧玉间黄金竹、黄纹竹、长舌巨竹等。

（5）秆呈黄色，但节或沟槽有绿色条纹。如花孝顺竹、青丝黄竹、黄金间碧玉竹、花吊丝竹、金镶玉竹、花毛竹、金竹、黄皮乌哺鸡竹、花黔竹、惠方筋竹、绿刚槽竹等。

（6）秆具有其他色彩、斑纹。如桂竹、斑竹、筇竹、紫蒲头灰竹、紫线青皮竹、撑篙竹、红壳竹、秀英竹、吊丝单竹等。

2. 观叶竹种

大多数竹子叶片四季翠绿，大小相宜，观叶竹种的叶子则具有特殊的色彩或奇异的大小，给人别具一格的感觉。

按竹叶色彩分类

（1）叶片绿色，具有白色条纹。如小寒竹、菲白竹、铺地竹、白纹阴阳竹等。

（2）叶片具有其他色彩、条纹。如黄条金刚竹、菲黄竹、山白竹、银丝竹、花毛竹、青丝黄竹、白纹女竹等。

按竹叶大小分类：

（1）大叶型。如阔叶箬竹、麻竹、巨竹等，叶型宽大，颜有特色。

观秆竹种短枝黄金竹

观叶竹种菲白竹

龙竹的竹笋

甲竹的竹笋

（2）小叶型。如观音竹、小叶凤尾竹、大明竹、翠竹、金丝毛竹等，叶片小巧，外观秀美。

3. 观笋竹种

"无数春笋满林生，柴门密掩断人行。曾须上番看成竹，客至从嗔不出迎。"唐代大诗人杜甫在这首《咏春笋》诗中，描写了自己因为沉醉于"春笋满林生"的竹景观而忘记出门迎接客人从而招致客人不满的生活场景，生动表现了诗人对竹笋的喜爱之情。许多竹种的竹笋都具有很高的观赏价值，具有独特的颜色或形态，如安吉金竹、白哺鸡竹、白夹竹、斑苦竹、淡竹、金佛山方竹、刚竹、富阳乌哺鸡竹、短穗竹、高节竹、红壳雷竹、光箨篌竹、红竹、花秆早竹、花哺鸡竹、黄槽石绿竹、黄甜竹、黄纹竹、京竹、晾衫竹、绿粉竹、毛竹、乌芽竹、紫蒲头灰竹等。

4.观姿竹种

观赏竹具有自然天成的色彩和姿态。观赏竹种类丰富多样，或丛状聚集，或散生独立；或刚劲有力，或柔美纤细；或亭亭玉立，或潇洒飘逸，其自身形状和特征给人以不同的联想和审美感受。应该指出的是，一种观赏竹往往具有多方面和多层次的观赏价值，为城乡景观建设提供了丰富的植物素材。

四、按照园林用途分类

1.大面积竹林景观

主要包括毛竹、毛金竹、假毛竹、淡竹、桂竹、刚竹、高节竹、红竹、茶秆竹、花毛竹、粉单竹、早园竹、慈竹、绿竹、青皮竹、撑篙竹、车筒竹、龙竹、麻竹、乌哺鸡竹等大型竹种。

2.片植、点缀

大中型竹种均可，尤以秆形奇特、姿态秀丽的竹种为佳。如斑竹、紫竹、方竹、黄金间碧玉竹、螺节竹、佛肚竹、龟甲竹、罗汉竹、金镶玉竹、银丝竹、粉单竹、筇竹、鼓节竹、花毛竹、金竹、大明竹、水竹、茶秆竹、黄秆京竹等。

3.绿篱

以耐修剪的中小型丛生竹、散生竹为宜。如凤尾竹、大明竹、观音竹、金镶玉竹、短穗竹、四季竹、篌竹、狭叶青苦竹、矢竹、茶秆竹等。

4.障景

以硬头黄竹、茶杆竹、酸竹、落叶箬竹、

绿慈竹竹姿　印度簕竹竹姿

竹子片植景观

丛植于建筑角隅

毛竹、麻竹、大叶慈竹、慈竹、苦竹、孝顺竹、花孝顺竹、矢竹、垂枝苦竹等密生性竹种为佳。

5. 地被竹类

主要包括铺地竹、箬竹、菲白竹、鹅毛竹、赤竹、翠竹、菲黄竹、矢竹、黄条会刚竹、靓竹等。

6. 孤植

以色泽鲜艳、姿态秀丽的丛生竹为佳。如孝利竹、花孝顺竹、凤尾竹、佛肚竹、黄金间碧玉竹、碧玉间黄金竹、慈竹、紫线青皮竹、崖州竹、大琴丝竹、银丝竹、青皮竹、观音竹等。

竹子绿篱

竹子障景

竹子地被

竹子孤植

7. 盆栽与盆景竹类

以秆形奇特或有特殊色彩、斑纹、枝叶秀美的中小型竹为宜。如鸡毛竹、倭竹、花毛竹、黄金间碧玉竹、箬竹、佛肚竹、凤尾竹、菲白竹、菲黄竹、方竹、筇竹、肿节竹、罗汉竹、黄槽竹、金镶玉竹、螺节竹、斑竹、紫竹、鹅毛竹、翠竹、辣韭矢竹、白纹阴阳竹、龟甲竹、靓竹、大明竹、黄秆京竹、狭叶青枯竹等。

竹子盆栽

第二节
竹造景配置

一、四川古典园林中造景配置

在四川古典园林中，竹子不但是重要的造景植物要素，也是重要的园林建筑材料，在现代景观中具有广阔的应用前景。

1. 粉墙竹影

四川古典园林中随处可见粉墙竹影的造景形式。粉墙竹影是指将竹子配置于粉墙前组合成景的艺术手法，恰似以白壁粉墙为纸，以婆娑竹影为绘的墨竹图。它是中国传统绘画艺术和写意手法的体现。明代计成曾在《园冶》掇山中总结了此种竹类的种植手法："藉以粉墙为纸，仿古人笔意，植黄山松柏、古梅、美竹，收之圆窗，宛然镜中游也。"此种设计手法常见于江南园林。苏州怡园"小沧浪"亭后的粉墙前种植几丛翠竹，搭配石景，亭中有木刻祝枝山的"竹月漫当局，松风如在弦"的草书联，暗含了竹影之构思与动感，正所谓"难言处，良宵淡月，疏影尚风流"。

在墙角种植竹子，竹影在白墙上随风而动，生机盎然。广汉房湖中还在白墙外片植翠竹，竹子探出墙头，丰富了空间效果，增添了生气。

翠竹与粉墙相互映衬，相得益彰。竹影斑驳，更具趣味

竹径通幽

2. 竹里通幽

竹里通幽的艺术手法主要是指古典园林中竹林、竹径景观的营造。"独坐幽篁里，弹琴复长啸；深林人不知，明月来相照"，尽享竹林静观之美。《园冶》中的"结茅竹里"。望江楼中绿竹撑天，进入望江楼北大门，一条长约100米的由翠竹围合的长廊映入眼帘，微风吹过，便有"夹道万竿成绿海，风来凤尾罗拜忙"之景，让人能从喧闹的城市中突然宁静下来，添了一丝清雅。

3. 移竹当窗

移竹当窗对竹框景处理，窗漏成框，框以成画，竹景时隐时现，虚实相生。计成曾在《园冶》中说道："移竹当窗，分梨为院，溶溶月色，瑟瑟风声；静扰一榻琴书，动涵半轮秋水，清气觉来几席，凡尘顿远襟怀。"

从小小的窗户中窥见窗外的竹子，即使只有几竿修竹，也能生出竹林的意向，起到小中见大的效果。移竹当窗与西方近代建筑理论所推崇的"流动空间"学说不谋而合。广汉房湖竹径尽头的一长廊处辟有漏窗，通过精美的漏窗欣赏到窗外的竹子，若隐若现，虚实结合。

江南古典园林中的移竹当窗

4. 竹石小品

山石是我国古典园林造园技艺中不可或缺的一种元素，常用其与植物、建筑、水体等要素组合成景。竹子形态纤细高挑，山石则厚重敦实，巧妙利用不同种类的竹和山石的形态、质感、色彩等特征，能使景观生动活泼，富于变化。

唐朝白居易的诗句："一片瑟瑟石，数竿青青竹。向我如有情，依然看不足"中描写的就是竹石小品景观。望江楼

竹石小品

玩竹吟风风景点处有一石头题有绿色的"玩竹吟风"4个大字，与其主题相呼应，石头周围配置几丛翠竹与之相依，微风吹过，竹叶摩擦出婆娑的声响，给人视觉和听觉上的享受。广汉房湖园艺园入口处，在墙角一隅置石，石后植一丛竹作为背景，显得野趣横生，既成为独立的一个景色，又遮挡、缓和了墙角生硬的线条。又如杜甫草堂盆景园外面的疏林地中央置石一堆，石后植几竿翠竹与之相依，石下植几丛麦冬和杜鹃，体量小巧玲珑，在疏林地中独立成景，形成一个小空间范围内的视觉焦点。望江楼中竹品丰富，常见在竹丛边放置一块刻有其种类名称的石头，避免了普通树牌的生硬突兀，使科普融入景观，让游人在游历园林之时，还能体验园林"情景教育"的空间。

5. 竹水相映

水是园林造景中最重要的元素之一，在水边种植竹子，涓涓水流和簌簌竹叶声带来听觉上的享受。水竹相依，水因竹添色，竹因水增韵，两者和谐搭配，创造出别样的园林景观情怀。

竹水相映

二、现代竹林景观配置

（一）现代风景园林中竹造景配置

学习经典园林中竹子的造景艺术手法，是为了在现代园林中作为借鉴。"竹里通幽""竹石小品"等景观依然适用于现代园林植物景观设计；"移竹当窗""粉墙竹影"主要适合借鉴于面积较小的园林空间，如宾馆内、外庭院、盆景园等"园中园"。现代园林中应充分借鉴古典园林竹子造景的一些艺术手法，并巧妙运用竹文化，可起到画龙点睛的作用。竹在现代园林造景中的运用主要有以下几种：

1. 以竹为主，创造竹林景观

形态奇特、色彩鲜艳的竹种，以群植、片植的形式栽于重要位置，构成独立的竹景，或以自然的声音形成美丽的竹林景观。如用秆形、色泽互相匹配的树种，造成一种清净、幽雅的气氛，具有观赏憩息的功能。以广阔的庭院，创造竹径通幽的竹林景观。

1）丛竹式

利用大中型观赏竹丛植、群植等营造成片的竹林景观，是观赏竹类一项重要的应用形式，多见于风景区、公园、广场及居住区中。在竹中既可设置幽篁夹道、绿竹成荫的小径，使游人在"动观"中感受到深邃、优美的意境，又可建造富于野趣的茅屋草亭，使游人在"静观"中沉思、体会。

竹林也可以与草坪结合，形成竹林草坪，营造清静幽深的园林植物空间；还可以与其他花木、岩石搭配，如栽三五株桃树于竹林外，体现"竹外桃花三两枝"的诗意，栽一些松、梅以表现岁寒三友，体现文化内涵。竹种可用散生竹也可用丛生竹，一般以散生竹居多，如毛竹、淡竹、桂竹、刚竹、茶秆竹、花毛竹、粉笔竹、绿竹、青皮竹、早园竹、慈竹、麻竹、龙竹、角竹等。需要注意的是要确定合理的种植密度，如密度过大，会导致竹子新鞭无法正常的生长，也无处长笋。

2）障景式

障景式是指利用竹子来掩盖内在的景观，达到似有似无的效果，给人以"山重水复疑无路，柳暗花明又一村"的感觉。

障景竹在起到造景和美化作用的同时，还有分隔空间、改善空间形式、组织路线、疏导游人的作用。如利用竹子的不同形态来分隔空间，中、小型竹可以形成实的分隔，高大的竹可形成半遮半阳的虚实分隔。其分隔形成的空间，有一定的透漏又略有隐蔽，有似隔非隔，相互交融的效果，与一般公园中用疏林带草地构成的环境风格完全不同，别有情趣。

这种具有一定私密性的局部小环境，能满足游人休憩、交谈、娱乐的需要。同时，在游览地植竹用于遮掩一些景点和隔离游览路线，可使各个景点亦遮、亦隔、亦连，人为制造出幽折深远、若断若续、虚虚实实、虚实结合的景致。

2. 与建筑小品搭配，美化环境

在亭、堂、楼、阁、水榭、山石等附近，栽植数株翠绿修竹，不仅能起到色彩和谐的作用，而且衬托出建筑的秀丽，同时也对建筑构图中的某些缺陷起到阻挡、隐蔽作用，使环境变得更为优雅。

1) 点缀式

竹子是点景的优良庭院材料，用它来点缀风景，是中国园林中常见的艺术手法，其数量不在多，丛生型、散生型均可，但要有较高的观赏价值，或观其杆，或观其叶，或观其色，或观其形。如佛肚竹，外形为灌木丛生状，杆节间短而膨大，状如佛肚，怪异而极有趣；又如低矮的凤尾竹，杆细且多分枝，叶小而稠密并排列成羽状，犹如凤凰的尾巴，轻盈而潇洒；再如散生型的黄金间碧竹，其杆色金黄，并间有深绿色纵带条纹，鲜明而美观……

　　根据它们不同的特点有选择地点缀于公园、庭院、房前屋后的园林中，各有独到之处。但作为点缀配景的竹子在造景时，应运用形式美规律的基本原则，同时充分考虑竹子的色彩、形态、质感、体量等观赏特性，以达到竹子造景与园林要素的统一协调。

2）配景式

　　配置方式不拘一格，灵活多样，如宅竹——"饶屋扶疏耸翠茎，苔滋粉漾有幽情"；庭竹——"知道雪霜终不变，永留寒色在庭前"；院竹——"月送绿荫斜上砌，露凝寒色湿遮汀"；窗竹——"始怜幽竹山窗下，不改清荫待我归"；池竹——"一丛婵娟色，四面轻波冷"；石竹——"一块峰峦耸太行，两枝修竹画潇洒"；盆竹——"巷雪洒禅榻，细香浮酒樽"。

竹子作为配景，与其他造园要素配置时要相互因借，扬长避短，以做到"虽由人作，宛自天开"。

3）隐蔽式

隐蔽式是指由于建筑或其他物体存在缺陷，或不雅的墙面、角隅、管道等，种植观赏竹以遮蔽，不仅可加以遮掩，而且还能增加景深感，增强观赏性。

在房屋的走廊、台阶等生硬部分可通过种植一些矮型竹类，如箬竹、倭竹、凤尾竹等与其外界隔离。

有些建筑物侧面的墙面过于生硬，破坏了优美的环境，可用硬头黄竹、苦竹大叶慈竹、椅子竹、梭竹等较高大竹类沿墙种植，以柔和建筑物的线条，并造出"松竹绕屋"的景观，引起游人的遐想。

在墙的拐角处，用常绿的凤尾竹、淡竹、紫竹、菲白竹、龟甲竹等遮挡，不仅起隐蔽掩饰作用，亦能配置出层次丰富，造型灵活的景色。

与山石及其他植物配置——假山、景石是具有特殊风趣的庭院小品，若配置适当竹子，能增添山体的层林叠翠，呈现自然之势、山林之美。竹类植物与其他植物材料的组合，不仅能创造优美的景致，更能将无限的诗情画意带入园林，并形成中国园林特有的情境与意境。

3. 景以竹胜、景以竹异的专类竹园

专类竹园主要收集各种竹类植物作为专题布置，在色泽、品种、秆形上加以选择相配，创造一种雅静、清幽的气氛，同时兼有观赏、科普教育的作用，主要以竹类公园为主。竹类公园是供游人观赏的以竹景、竹种取胜的专类竹园。它主要运用现代园林造景手法科学组织观赏竹种的形式美要素，结合必要的人文景观，创造出深远的园林意境，全面展示竹子外在的秀美风姿和内在品质，集自然景观和人文景观于一体，为城市居民提供赏心悦目的休闲娱乐空间。

1）地被式

植株高度在0.5米以下的观赏竹种，如铺地竹、箬竹、菲白竹、鹅毛竹、倭竹、菲黄竹、翠竹等，适宜作地被植物或在树林下层配置，或与自然散置的观赏石相结合，极富自然雅致的情趣，它们的景观效果优于一般花木地被和草坪。

竹子地被可设计成大面积图案式景观应用于水边缓坡等视野开阔的园林空间，突出表现竹子的群体美；可作为护坡地被，防止水土流失，或作为边坡绿化；可植于树群或孤植树下作植被，构成林间野趣；可植于路旁、石隙等点缀山石，尤显青翠清静。

2）绿篱式

竹篱是利用竹子建成空间的外围屏障，设计简单，管理方便，能起到分隔空间、协调空间、框景、障景的作用。高篱既可防止逾越，又可含蓄的向人展示景观

如采用 3～5 米高的竹类栽成 80 厘米宽的高篱，每隔一段距离留一米宽的缺口，篱后植 6 米宽的草皮带隔开行人，人于篱后行走时，透过竹篱看远处的景观，有步移景异，远景如画的感觉。竹篱的用竹以丛生竹、混生竹为宜。常用的有花枝竹、凤尾竹、秀箭竹、矢竹、孝顺竹、青皮竹、茶杆竹、大节竹、大明竹、慈竹、苦竹等。

而菲白竹和凤尾竹等矮生竹作竹篱，给人以清心悦目之感，不显机械呆板，代替黄杨、小叶女贞或其他花灌木作车道的隔离带，自然美观，不需修剪，不影响行车视线，不易形成草荒，值得提倡。

3）竹径式

竹径是一种别具风格的园林道路，自古以来都是中国园林中经常应用的造景手法，江南园林常在小径两旁配植竹林。

竹径可以分隔空间，既可造成"竹径通幽，人在画中行"的美景，又能取得雅静、清凉之效，可谓"竹深不见人，径声在空翠"。古诗中"绿竹入幽径，青萝拂行衣""竹径通幽处，禅房花木深"的意境都说明要创造曲折、幽静、深邃的园路环境，用竹来造景是非常适合的。

在庭院、公园内营建竹径，幽篁夹道，绿竹成荫，万竿参天，步入其间会感到盛夏酷暑不见，产生一种深邃、雅静、优美的意境。

竹径的运用还能起到夹景的效果，如在大型园林中，植竹于园路两侧，路正对雕塑、喷泉等景物，使游人注意力集中，从而突出主景。常用于竹径的竹种有慈竹、黄竹、琴丝竹、青皮竹、粉单竹、孝顺竹等。

4) 攀援式

近年来，由于新增的城市用地多而使得城市公用绿地的增加变得越为困难，在满足城市景观要求的同时，为抑制城市热岛效应的产生，作为城市环境治理的一部分，在所开展的各种形式的城市绿化中，建筑墙面的垂直绿化（壁面空间绿化）已越来越受到重视，它不仅是对美感较差的墙面加以装饰，而且是保护墙体，缓解城市热岛效应的重要对策之一。

壁面空间绿化的方法，主要是利用攀援于墙面或支架上的攀援植物，构成竖向绿荫，常分为吸附攀援型、缠绕攀爬型、下垂型、攀爬下垂并用型、树墙型、栽植容器型等类型。

竹类除可在树墙型、下垂型中应用外，一些藤本竹，如小吊竹、梨藤竹、悬竹等，在攀援绿化中占重要地位，起着壁面空间绿化的重要作用。

5）盆栽式

用盆栽竹（即将竹子直接种植于盆中，不经任何艺术加工而用于观赏或陈设）造景不受地方、空间等的限制，而且可组合可移动，特别适合家庭和屋顶绿化之用。

盆栽竹种以杆形奇特、枝叶秀丽的中小型、矮生型及地被竹类为宜。适宜盆栽的有佛肚竹、凤尾竹、菲白竹、菲黄竹、罗汉竹、紫竹、龟甲竹、鹅毛竹、倭竹、筇竹、井冈寒竹、金镶玉竹、肿节竹、螺竹、翠竹以及方竹属、苦竹属中的中小型竹种，箬竹属、赤竹属中的矮小竹等。

对于一些大中型竹类，如罗汉竹、斑竹、孝顺竹、琴丝竹、黄金间碧竹、赤竹等进行盆栽时，一方面可选相对较小的竹株（竹丛）用大盆（盆径大于50厘米）直接盆栽，另一方面则必须先进行矮化处理后，再进行盆栽。

（二）城乡绿化竹景观配置

1. 乡村竹林人家

在我国长江以南广阔的农村、乡镇、城郊甚至住宅区，人们习惯于在自己的房前屋后栽种竹子，构成优美的竹林景观。如四川成都平原的慈竹林盘，重庆地区的硬头黄竹林盘等。随着人们生活水平的提高和现代都市生活节奏的加快一种，以回归自然、体验乡村生活为特色的休闲农业应运而生并得到迅速发展。以成都市为例，不少农民将竹林盘开辟出来，开起了竹海茶庄、竹林餐馆等，在成都郊区出现了众多农家竹院（林）的休闲式餐饮娱乐方式。

2. 居住区与竹景

现代居住区小游园、池塘、坡地、冲沟、路边、宅旁、屋角等都可因地制宜，景到随机，创造丰富多彩的竹景观。如温州市居住区竹子绿化，在城区 3 个最大的住宅区上陡门、水心、新桥头多选择丛生竹栽植于小径两侧、厕所与垃圾场周围，或与其他阔叶植物组合造景；又如上海郊区、苏杭一带的私人住宅，多建有微型竹园，植有各种中型竹类，并搭配桃、梅、茶花、杜鹃、紫金牛、红叶类植物等，相映成趣，可谓"举步皆如画，四时景宜人"，形成具有竹文化氛围的人居环境。

3. 道路绿化与竹景观

观赏竹是一类管理粗放、浅根系、无污染、成景快的植物材料，十分适合于道路绿化景观的营造。城市绿岛、街头绿地等可采用铺地竹、鹅毛竹、菲白竹等密生小型地被竹，不仅更具有观赏性，而且具有耐尘、抗破坏等实用价值。

4. 广场绿化与竹景观

城镇广场从某种意义上来说，是道路空间的扩大或相对停留空间。广场是塑造城市意象的重要组成部分，广场中的植物造景则具有独特的魅力，格外引人注目。观赏竹在广场绿化中的造景应与广场的功能、性质紧密结合。

成都浣花溪公园入口广场竹景观

后记

　　四川是世界大熊猫的故乡、全国竹资源大省、竹产业大省，大熊猫＋竹、川竹文化神韵、生态康养、产业经济相互融合，在全国独具特色和优势，已基本形成以竹浆造纸、竹人造板、竹家具、竹编、竹笋加工为主的竹产品加工体系和以竹文化、竹旅游、竹康养为主的竹休闲产业体系，竹产业发展在全国居于领先地位，已成为竹区脱贫致富、乡村振兴的主要途径。可以说，竹林风景线是四川最具代表性的文化、生态、产业符号之一。

　　为贯彻落实习近平总书记"让竹林成为四川美丽乡村的一道风景线"重要讲话精神，助推乡村振兴、推动高质量发展，结合四川首届数字国际熊猫节宣传工作，编辑出版本书。

　　全书聚焦四川美丽乡村竹林风景线建设，从文化、生态、经济视角，系统阐述了竹子的历史文化、生态康养、产业经济功能与价值，从风景线的表象特征、内涵特质，系统构建"点""线""面"体系结合、一二三产业融合的美丽乡村竹林风景线。全书共分五章：第一章概述了中国竹之底蕴，阐述了川竹神韵；第二章系统概述了竹林生态康养功能；第三章分析了四川竹产业发展及其助推乡村振兴的作用；第四章围绕竹林风景线建设布局，通过"点""线""面"案例分析，探讨了四川竹林风景线构建范式；第五章概述了竹景观配置及其相关应用。

　　全书突出四川竹文化、生态、产业特色，以"一群两区三带"发展格局为骨架，以大熊猫公园入口社区、竹林盘、竹林公园、竹林湿地、竹林新村、竹林小镇、竹博览园等为"点"，以江河、交通道路、景观大道等为"线"，以竹基地、竹林风景区等为"面"，既要打造生态美、环境美、形态美、人文美的"点""线""面"竹林风景，又要建设高质量发展的竹产业风景，形成一产优、二产强、三产兴的竹产业体系，绿色生态、优质高效、三产融合的竹生产体系，标准化、集约化、专业化的竹经营体系，全方位、全链条、一站式的竹服务体系，建设靓丽的四川竹林风景线。

本书在编撰委员会直接领导下，基于四川及国内相关研究成果，收集总结了相关研究文献、相关媒体报道等资料，在编著过程中，得到四川省林业和草原局、四川省林业科学研究院、森林与湿地恢复研究四川省实验室、国家林草局四川森林生态与资源环境研究实验室、四川农业大学、四川省竹产业科技创新联盟、四川省林学会、成都大熊猫繁育基金会、宜宾市林业和竹业局、宜宾林竹产业研究院、长宁县林业和竹业局以及其他市林草部门、相关竹企业等单位领导、专家的指导和关怀，在此深表感谢！同时，本书得到了森林与湿地恢复研究四川省实验室、四川省林业科学研究院、国家林草局四川森林生态与资源环境研究实验室的出版资助，也凝聚了编著成员的辛勤耕耘和无私奉献，在此一并表示衷心的感谢！

本书成书时间仓促，编著者水平所限，书中对相关文献、报道等的引用与总结难免有许多不妥之处，涉及的相关内容也未能标注引文，恳请被引作者予以谅解，同时，期望读者，特别是高校师生、科教专家，能够谅解，并予以批评指正！

编　者

2020 年 7 月